# 褐煤基活性炭
## 吸附工艺与装备

Adsorption Process and Equipment
of Lignite-Based Activated Carbon

张东升　刘晓红　张志峰　著

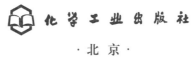

化学工业出版社

·北京·

内容简介

本书研究了 $N_2$ 和不同溶剂对提质褐煤的影响；针对重质焦油产率较高的问题，分析了氧载体组成对热解产物分布规律的影响；为有效就地消化褐煤热解半焦，以提质褐煤为原料制备磁性活性炭，系统研究了不同类型活性炭对氰化物废水吸附特性的影响；对提质褐煤中重金属脱除规律进行了深入探究。

主要内容包括：褐煤提质基础知识、实验工艺与制备装备、提质褐煤物化结构对比研究、提质褐煤中重金属分布规律研究、褐煤催化热解产物分布规律研究、褐煤基活性炭对氰化物废水吸附特性研究。

本书适合从事活性炭相关研究、生产、管理的人员使用，同时可供化工、材料、能源等相关专业的师生学习参考。

**图书在版编目（CIP）数据**

褐煤基活性炭吸附工艺与装备/张东升，刘晓红，张志峰著. —北京：化学工业出版社，2023.12
ISBN 978-7-122-44673-2

Ⅰ.①褐⋯ Ⅱ.①张⋯ ②刘⋯ ③张⋯ Ⅲ.①褐煤-活性炭-炭吸附 Ⅳ.①TQ536

中国国家版本馆 CIP 数据核字（2023）第 232007 号

---

责任编辑：贾　娜　　　　　　　　文字编辑：王　硕
责任校对：李露洁　　　　　　　　装帧设计：史利平

---

出版发行：化学工业出版社
　　　　　（北京市东城区青年湖南街 13 号　邮政编码 100011）
印　　装：北京科印技术咨询服务有限公司数码印刷分部
710mm×1000mm　1/16　印张 10　字数 174 千字
2023 年 12 月北京第 1 版第 1 次印刷

---

购书咨询：010-64518888　　　　　售后服务：010-64518899
网　　址：http://www.cip.com.cn
凡购买本书，如有缺损质量问题，本社销售中心负责调换。

---

定　　价：89.00 元　　　　　　　　版权所有　违者必究

# 前言

由于受我国能源禀赋特征影响，未来一段时间我国仍然是以煤为主体的能源结构。褐煤是优质化工原料，但其水分含量高、贫氢富氧特性明显，因此快速有效脱除褐煤中的水分、提高褐煤热解轻质产物产率对后续加工利用显得尤为重要。在褐煤脱水过程中，煤中的重金属等微量元素向周围生态环境中释放，对人类和环境造成危害。因此，分析脱水前后煤样中重金属的迁移规律可为后续褐煤利用打下坚实基础。为了总结褐煤提质、重金属脱除规律、磁性活性炭制备等相关研究，我们编写了本书。

全书内容共分为 6 章，在对比研究 $N_2$ 和不同溶剂对提质褐煤及物化结构影响的基础上，对提质褐煤中重金属的脱除规律进行了深入研究。针对重质焦油产率较高的问题，研究了氧载体组成对热解产物分布规律的影响。在此基础上，针对如何有效消化褐煤热解半焦，以提质褐煤为原料制备磁性活性炭，针对不同类型活性炭对氰化物废水吸附特性的影响进行了系统研究。第 1 章为褐煤提质基础知识；第 2 章为实验工艺与制备装备；第 3 章为提质褐煤物化结构对比研究；第 4 章为提质褐煤中重金属分布规律研究；第 5 章为褐煤催化热解产物分布规律研究；第 6 章为褐煤基活性炭对氰化物废水吸附特性研究。

本书由山东交通学院张东升、刘晓红、张志峰著。感谢中国矿业大学（北京）化学与环境工程学院韦鲁滨教授对研究工作的支持和帮助。

由于笔者水平所限，书中难免存在欠缺和疏漏之处，敬请读者批评指正。

著　者

# 目录

第 **1** 章　**褐煤提质基础知识** _____ 1

　1.1 ▸ **褐煤提质** / 1

　　1.1.1　褐煤干燥 / 1

　　1.1.2　褐煤水热提质 / 4

　1.2 ▸ **褐煤中的重金属** / 8

　　1.2.1　重金属赋存形态 / 8

　　1.2.2　重金属析出特性 / 10

　1.3 ▸ **褐煤热解** / 11

　　1.3.1　热解产物特性 / 11

　　1.3.2　催化热解 / 13

　　1.3.3　催化氧化提质 / 15

　1.4 ▸ **褐煤基活性炭** / 17

　　1.4.1　活性炭制备方法 / 17

　　1.4.2　活性炭的应用 / 18

　　1.4.3　磁性活性炭 / 19

　　1.4.4　活性炭对氰化物吸附的影响 / 21

　1.5 ▸ **本书主要内容** / 21

　1.6 ▸ **本章小结** / 24

第 **2** 章　**实验工艺与制备装备** _____ 25

　2.1 ▸ **实验样品** / 25

　2.2 ▸ **褐煤提质实验过程** / 26

　　2.2.1　褐煤脱水实验 / 26

　　2.2.2　程序升温热解实验 / 27

2.3 ▸ 褐煤提质产物表征 / 28

2.4 ▸ 提质褐煤重金属逐级浸出 / 29

2.5 ▸ 氧载体的制备 / 29

2.6 ▸ 催化热解实验过程 / 30

    2.6.1 氧载体的热反应特性 / 30

    2.6.2 共热解实验 / 30

2.7 ▸ 氰化物吸附实验 / 31

2.8 ▸ 本章小结 / 32

第3章　提质褐煤物化结构对比研究　33

3.1 ▸ $N_2$ 气氛下褐煤提质及样品表征 / 33

    3.1.1 褐煤脱水热分析实验 / 33

    3.1.2 固定床脱水实验 / 34

    3.1.3 提质煤样碳氧键分布 / 35

    3.1.4 提质煤样孔隙结构 / 37

    3.1.5 提质煤样氧含量分布 / 39

    3.1.6 提质煤样表面官能团分布 / 40

3.2 ▸ 不同溶剂对提质褐煤物化结构的影响 / 41

    3.2.1 不同溶剂对褐煤中水脱除率的影响 / 41

    3.2.2 提质褐煤含碳官能团化学位移 / 44

    3.2.3 提质煤样官能团分布 / 47

    3.2.4 提质煤样表面化学键分布 / 52

    3.2.5 提质煤样表面形貌分析 / 53

3.3 ▸ 气体产物 / 54

3.4 ▸ 本章小结 / 55

第4章　提质褐煤中重金属分布规律研究　57

4.1 ▸ 处理的煤样分析 / 57

4.2 ▸ 提质褐煤中的重金属分布规律 / 58

    4.2.1 提质褐煤的 XRD 表征 / 58

    4.2.2 提质煤样中的重金属含量 / 59

    4.2.3 溶液对重金属析出影响机理 / 71

4.3 ▸ 液体中阳离子含量 / 72

4.4 ▸ 热解温度对 Hg 析出特性的影响 / 74

4.5 ▸ 保温时间对 Hg 析出特性的影响 / 76

4.6 ▸ 本章小结 / 77

# 第 5 章 褐煤催化热解产物分布规律研究      80

5.1 ▸ 氧载体的热反应特性 / 80

     5.1.1 氧载体热重分析 / 80

     5.1.2 氧载体 XPS 表征 / 82

5.2 ▸ 气体产物产率及组成 / 84

     5.2.1 $N_2$ 气氛下热解气体产物组成 / 84

     5.2.2 通入水蒸气对气体产物分布规律的影响 / 88

5.3 ▸ 三相产物产率分布 / 89

     5.3.1 三相产物产率 / 89

     5.3.2 气体产物组分 / 91

5.4 ▸ TG-MS 分析 / 92

     5.4.1 气体产物释放规律 / 92

     5.4.2 焦油组成 / 95

5.5 ▸ 半焦气化反应性 / 99

5.6 ▸ 本章小结 / 100

# 第 6 章 褐煤基活性炭对氰化物废水吸附特性研究      103

6.1 ▸ 半焦基活性炭制备 / 103

6.2 ▸ 活性炭表征与分析 / 104

     6.2.1 活性炭孔结构分析 / 104

     6.2.2 活性炭 XRD 分析 / 106

     6.2.3 活性炭 Fe 物相对比 / 107

     6.2.4 活性炭磁性分析 / 108

     6.2.5 活性炭形貌分析 / 109

6.3 ▸ pH 值的影响 / 112

     6.3.1 pH 值对氰化物脱除率的影响 / 112

     6.3.2 pH 值对 Zeta 电位的影响 / 114

6.4 ▸ 氰化物浓度对脱除率的影响 / 115

     6.4.1 pH 值在 7~8 范围内不同氰化物浓度对

　　　　　　脱除率的影响　/ 115

　　　　6.4.2　pH 值在 10~11 范围内不同氰化物浓度

　　　　　　对脱除率的影响　/ 117

　6.5 ▶ **等温吸附曲线**　**/ 119**

　　　　6.5.1　等温吸附模型　/ 119

　　　　6.5.2　等温吸附拟合参数分布　/ 122

　6.6 ▶ **吸附动力学及机理**　**/ 126**

　　　　6.6.1　准一级和准二级动力学模型　/ 126

　　　　6.6.2　颗粒内扩散模型　/ 131

　　　　6.6.3　吸附机理　/ 135

　6.7 ▶ **本章小结**　**/ 136**

**参考文献**　　　　　　　　　　　　　　　　　　　　**139**

第 $1$ 章

# 褐煤提质基础知识

能源是人类赖以生存和发展的重要物质基础，关系到一国的经济命脉和国家安全。但是，随着工业化和现代化的飞速发展，在不到 300 年的时间里，地球上储存的煤炭、石油和天然气等化石能源中有近 50% 已被人类消耗，目前的能源消耗率正在加速增长。

作为世界上最大的发展中国家，中国的能源消费总量呈逐年上升的趋势，从 1978 年的 5.71 亿吨标准煤增加到 2021 年的 52.4 亿吨标准煤，超过了所有其他国家。能源消费在一定程度上促进了中国的经济增长，特别是在工业化初期，能源消费对经济增长的促进作用更加明显。但是，随着总能耗的不断增加，中国的环境质量也在恶化。

近年来，能源消耗造成的环境污染不仅是制约中国经济可持续发展的重要因素，而且给中国造成了巨大的经济损失。中国目前正处于经济转型和产业升级的关键时期，如何促进能源消耗过程的清洁高效转化已经成为当前中国绿色发展进程中需要解决的重要问题。

## 1.1 褐煤提质

### 1.1.1 褐煤干燥

到 2030 年，中国煤炭消耗约占全球的 67%，仍然是最大的煤炭消费国。近年来，随着中国经济的快速发展，大量高变质程度的烟煤被消耗，导致优等煤炭资源储量迅速降低。据国家能源局网站数据，中国褐煤资源丰富，截至 2021 年已探明褐煤储量约 1300 亿吨，占中国煤炭总储量的 13%。然而，褐煤中的较高水分含量（25%～65%）使发电厂的能源转换效率降低，增加了运行成本，并导致单位能源输出的 $CO_2$ 排放量增加。此外，由于褐煤中含水量高，不适于远途运输和利用，因此无论是直接燃烧，还是作为化工原料，包括气化、热解以及液化，都受到褐煤中高水分含量的影响。因此，褐煤在使用前通常要进行干燥，使其含水量达到一定数值。

褐煤高效脱水的技术包括旋转干燥、流化床干燥、热油蒸发干燥、微波干燥、水热脱水和机械热压，其中部分干燥技术已被商业化应用。Nikolopoulos 等基于全球视角，通过对当前工业规模褐煤干燥技术进行比较研究发现，尽管褐煤作为化石燃料在温室气体排放中起着重要作用，但长期以来褐煤一直用于发电以及燃料供给。旋转间接干燥法、磨煤机干燥法以及流化床干燥法都是褐煤脱水的有效方法，具有高效、低火灾特性。因此，迄今为止，上述干燥方式是煤粉燃烧发电厂在褐煤燃烧前进行脱水的最适宜方法，并已在规模工业中商业化运行。在褐煤其他脱水技术中，水热脱水技术、高速空气新型干燥脱水技术目前正处在中试规模或商业化试运行阶段。

总体而言，根据干燥过程中的传热和传质特点，脱水大体可分为两种，一种为蒸发干燥，另一种为非蒸发干燥。其中，蒸发干燥是向反应系统内部通入一定热量，使褐煤中的水分蒸发。在蒸发过程中，水分作为蒸汽释放到大气中。而非蒸发干燥器使用其他方法将水分作为液体脱除。典型的脱水工艺包括机械热脱水和水热脱水。直接（或对流）蒸发干燥是煤样与热介质直接接触，通过空气介质进行热传递。通常加热介质为热空气，在这类设备中也起着干燥介质的作用，并且通过对流来描述控制传热的机理。而间接（或传导）干燥系统中热量主要通过传导和辐射等方式进行传递，并且加热介质与干燥煤样不发生物理性接触，二者处于分离状态。间接干燥更适合轻薄或非常湿的固体，蒸发热通过放置在干燥机内的加热表面向煤样传递热量。直接干燥装置通常比间接燃烧式干燥装置更为有效，后者导致从蒸汽管到物料的热传递效率低下。此外，组合式干燥系统能够将直接和间接干燥方法的特征和优点结合起来，例如带有浸入式加热管或用于热敏材料干燥的盘管的流化床干燥器。

目前，关于干燥方式对褐煤脱水率、结构以及性质的影响，国内外许多学者的研究主要集中在干燥方式、干燥介质、干燥过程动力学对褐煤脱水过程的影响及脱水机理等领域。例如，Tahmasebi 等通过研究发现褐煤在蒸汽干燥过程中，由于在较高的干燥温度下煤样发生热解反应，因此红外光谱中的芳烃碳和芳烃环的伸缩振动强度在干燥温度低于 250℃ 时保持相对稳定，但此后强度显著下降。

Zhao 等采用高温烟道气对海拉尔褐煤进行脱水过程中褐煤燃烧特性的研究及对含氧官能团的影响的研究发现，随着干燥温度的升高以及烟道气与褐煤比的增大，干燥速率显著增大。褐煤中水分的脱除使煤颗粒表面产生孔隙结构，从而提高了煤的燃烧速率。干燥过程中含氧络合物（生成的 CO 和 $CO_2$）分解以及与羟基的反应导致脱水煤样中脂肪族氢含量以及含氧官能团含量降低，羰基和羧酸酯类化合物含量随着烟气温度的升高先增加后减少。干燥煤样中有序结构碳转变为晶体存在缺陷结构和无定形的碳，石墨化程度降低，燃烧活性提高。

Jin 等认为褐煤在 $CH_4$ 气氛中干燥可以利用褐煤中的水分作为原料，经 $CH_4$ 与水蒸气发生重整反应生成 $H_2$，是一种潜在的制备 $H_2$ 的途径。研究发现，在 $CH_4$ 气氛下干燥褐煤，随着温度升高，褐煤中含水率逐渐降低。颗粒表面温度和局部气体温度随干燥温度的变化而变化。在脱水过程中，床层厚度越大，颗粒间的温差越大，导致传热强度升高。干燥温度升高，颗粒的热传递速率增大，颗粒内部水分的蒸发速率升高。原煤的水分解吸和干燥煤样的再吸附等温线是不可逆的，干煤过程中发生了不可逆的孔隙崩塌和收缩。

Zhao 等通过对锡林郭勒盟褐煤在不同气氛下的干燥、复吸特性及燃烧动力学的研究发现，四种不同粒径煤样随着干燥时间的延长，煤样含水率逐渐降低。粒径较大（6~3mm）煤颗粒内部温度梯度较高，水蒸气在内部毛细管析出过程中受到较大压力，对煤样孔隙起到"扩充"作用，导致干燥后 6~3mm 煤样的比表面积较大。随着干燥温度升高，煤样中羧基等含氧官能团浓度降低，干燥煤样的水分复吸能力减弱，但较大粒径煤样复吸能力较强；随着干燥温度升高，褐煤中羧基等含氧官能团含量降低，导致褐煤表面化学吸附类官能团的吸氧能力和活性减弱，促使燃烧反应活化能升高，煤样自燃倾向性降低。

Tang 等通过对褐煤干燥过程中孔隙结构变化的研究发现，褐煤中的一般孔隙结构在干燥过程中变化不大。中孔主要为柱孔和裂缝孔，微孔主要为单端孔。其中，中孔的孔径分布呈单峰型，微孔的孔径分布呈多峰型。在干燥过程中，比表面积的变化趋势与平均孔径的变化趋势相反。Liu 等通过对澳洲褐煤冷冻干燥及抑制干燥褐煤水分复吸的研究发现，冷冻干燥脱水包括三个阶段：快速脱水阶段（0~2h）、干燥速率降低阶段（2~3h）和明显下降阶段（>3h）。其中，Midilli-Kucuk 模型能够很好地描述煤样的干燥过程，并可预测样品在冷冻干燥脱水过程中的残留水分含量。由于水-褐煤结合强度和扩散吸附或解吸力的影响，冷冻干燥脱水煤样的保水能力低于褐煤原煤。

Zhao 等通过对比研究不同流化床对胜利褐煤干燥特性发现，四种流化床对胜利褐煤的脱水率均随干燥温度的升高而增大。在相同温度下，改性流化床的干燥性能优于普通流化床。由于振动和磁性介质的存在，振动介质流化床表现出最佳的流化性能和热传导效率。

Pusat 等通过采用统计分析方法对 12 种褐煤薄层干燥动力学模型的适用性进行对比分析发现，Wang&Singh 模型是描述褐煤粗颗粒在固定床干燥器中干燥行为的最佳模型。其中，计算出来的表观扩散系数低于流化床干燥过程中的数值。

综上分析，采用热风对褐煤进行干燥，在反应的初始阶段，褐煤的脱水速度增加。随着干燥强度的逐渐增大，脱水处于恒定干燥速率阶段，在此过程中，褐煤中的水分通过内部孔隙快速扩散到褐煤表面，使褐煤表面的水分含量始终处于饱和状态，其脱水过程类似于水受热形成水蒸气排空。在脱水的最后阶段，褐煤中的水分通过内部扩散不能再维持颗粒表面水分的饱和状态，在此期间，脱水速率呈线性降低。因此，在完全干燥的褐煤表面，水通过褐煤表面的扩散完全决定了干燥速率。

## 1.1.2 褐煤水热提质

水热脱水是一种主要用于高含水量褐煤的非蒸发干燥方法，是一种模拟和加速高阶煤的自然煤化过程，能有效地改变褐煤的化学组成和物理结构。水热脱水通过降低褐煤中的含水量以及氧含量，提高提质产物的热值，脱除部分有害的无机元素，使褐煤品质得到提升，直接作为燃料供随后的大规模使用。但水热脱水也存在缺点：其必须在高压下运行，当温度超过 320℃时，大量可溶性有机物被溶解到废水中，产生总有机碳（TOC）浓度较高的废水。

Wan 等研究了水热处理对褐煤化学组成和物理结构的影响并发现，经过水热脱水处理后，褐煤中约 30%～40% 的羧基和 30%～80% 的氢氧化物被脱除。水热脱水显著促进了褐煤中孔的发育。水热脱水通过脱除含氧官能团，有效地降低了煤在整个相对湿度范围内的持水能力，脱除了煤中大量的单层水。水热处理能显著降低褐煤中 Na、K、Mg、Ca 的含量，但褐煤中有机物的损失可能导致褐煤中与无机物有关的元素发生富集。褐煤中部分微量元素 B、Ba、Sr 以及 As 等在水热脱水过程中溶解到废液中。

刘红缨等研究发现，随着水热处理温度的升高，煤颗粒逐渐由多棱角形向圆形和椭圆形变化，其表面的分形维数逐渐降低。

Liu 等通过褐煤水热脱水发现，在反应过程中，褐煤中大量含氧官能团被脱除，羧基、醇羟基、醚和羰基的含量均出现不同程度的减少，而酚羟基的含量基本没有变化。褐煤分子的静电电位分析表明，静电电位值较低的区域常与苯环和脂肪族链有关，而绝对静电电位值较大的区域则由极性较强的含氧官能团占据。由于与水形成氢键，静电电位值较大的区域表现出很强的亲水性。键序和键解离焓分析进一步验证了上述实验结果。

Liao 等通过对褐煤水热脱水及其固体产物性质的研究发现，在水热脱水过程中，由于甲基（—CH₃）、亚甲基（—CH₂）以及含氧官能团的脱除，在提质过程中，煤中部分有机物分解释放，而无机物脱除的主要是含 Ca 和 Fe 的矿物质。有机物和无机物的脱除率均随温度的升高而增大。水热脱水提质煤样在相对湿度为 11%～97%的 30℃条件下的平衡含水量低于原煤。随着水热处理温度升高，提质煤样的表面积减小，亲水性含氧官能团含量降低。

Li 等通过对两种干燥方法对褐煤低温氧化过程中临界含水率的影响研究发现，与真空干燥相比，在临界含水率为 15%左右的氮气中干燥的褐煤在氧化过程中释放更多的热量。不同氧化温度下褐煤干燥后的自由基特性表明，氧化温度越高，褐煤干燥后的自由基浓度和电子顺磁共振谱线宽度越大。褐煤在氮气中干燥后，由于大孔收缩而形成的中孔进一步收缩和塌陷，形成更多的微孔。

Mo 等通过对褐煤水热脱水过程中 C、H、O、N、S 的转化反应研究发现，高温导致固体产物中碳的大量损失，与气相和液相中碳含量的增加相对应，褐煤中的 H、N、S 主要转移到液相。褐煤中的大部分含氧官能团分解，使其从固相转移到气相和液相。

另外，煤直接液化是煤通过加热转化为液体产品的过程，被认为是煤炭清洁利用的有效方法之一。褐煤作为一种廉价的资源，以其高反应活性作为催化裂化的预处理原料，引起了人们的广泛关注。一般认为褐煤比烟煤更容易液化，产生更多的液体产物，因此，煤的直接液化技术可以实现褐煤的高效利用。在液化过程中涉及三个主要反应，即热解（仅加热）、溶剂萃取（加热和溶剂）和催化液化（加热、溶剂、氢气和氢化催化剂）。相关研究报道了各种煤预处理工艺对液化产率的影响，其中包括浸泡预热、水热处理、干燥、氧化以及溶剂溶胀等。在液化过程中，首先进行煤与溶剂混合浆体的制备。与水煤浆不同的是，在水煤浆制备过程中，部分煤溶解到水煤浆中，但在溶剂与煤形成的混合浆体中黏度会增加，形成凝胶。这可能与煤的部分溶解和脱水有关，而部分溶解和脱水是由于煤与有机溶剂发生接触引起的。好的一方面是，水可以被溶剂从煤中置换出来，低温溶剂脱水有望实现褐煤的非蒸发脱水，但也存在一些问题：在预处理过程中，由于褐煤中高含水的特性，因此在实际的预热反应器中不仅有煤样和供氢溶剂的混合物，实际上还包括了褐煤中释放的水分。因此，高浓度煤浆中实际包含有水、供氢溶剂以及褐煤。正如之前所述，在预热过程中会发生多种化学反应，例如褐煤中水分脱除，褐煤中的有机物溶解于有机溶剂中，并且在一定温度和压力下，生成小分子气体化合物。而三相产物作为煤热转化过程的实验原料会对其后的热转化过程产生重要影响。因此，对过程溶剂中的褐煤在预加热过程中三相产物性质的变化进行深入探讨显得至关重要。

目前对于褐煤改性,提高其品质方面的研究虽然很多,但主要集中在通过单一脱水方法处理褐煤对其物理和化学结构的变化影响,仅是定性分析物理或化学结构的变化与脱水褐煤的水分复吸特性之间的相关性,缺少采用有机溶剂脱水后褐煤中的官能团半定量分析以及脱水过程中气、液、固三相产物特性变化的研究。由于在液化过程中涉及热解、溶剂萃取以及催化液化等反应,因此,研究褐煤的脱水提质,特别是对比研究水热、有机溶剂与水的混合溶液对提质褐煤结构的影响是十分必要的,更有助于揭示褐煤理化结构的演化机理与提质过程中产物的组成分布。例如,Zhao 等在采用有机溶剂处理褐煤过程中对含氧官能团以及褐煤热转化特性影响的研究发现,煤的热转化与含氧官能团结构的分解密切相关,有机溶剂能促进含氧官能团的裂解,抑制分解产物的再分解,但对不同结构褐煤的热解顺序影响不大。Mathews 等通过对煤样与有机溶剂相互作用条件下溶胀和抽提率的研究发现,溶胀过程通常很慢,溶胀过程的初始阶段明显出现各向异性溶胀,但随后煤样的溶蚀现象却没有发生。对于某些煤颗粒而言,在溶胀反应过程中与聚合物溶胀相似的过冲现象被发现。上述反应与溶剂扩散与煤"松弛"的复杂相互作用有关,后者与溶剂的性质及其与煤的相互作用有关。

表 1.1 为采用有机溶剂处理煤样的抽提物产率分布。一般而言,采用有机溶剂对褐煤进行提质,固体产物提取率在 20%～34% 之间变化。但也有例外:采用苯/甲醇二元混合溶剂对煤样提取时提取率最低,仅为 4.3%。采用索氏提取与混合/离心方法,吡啶溶剂的提取率为 24%～34%。采用吡啶、四氢化萘或 $CS_2$/NMP 溶剂时,固体产物提取率没有显著差异。但在采用吡啶溶剂、索氏提取法,不进行预处理和采用两步预先干燥预处理两种情况下,提取率大于 34%。

此外,由表 1.1 还可以看出,采用吡啶进行多步抽提固体产物产率更高,提取率为 42%～50%。通过对煤样进行预先干燥或在抽提溶剂中添加或脱除水可改变煤样的抽提产率,因此可以确定的是,水对煤样的溶剂抽提有所影响。当抽提溶剂中不存在水时,抽提率较低,仅为 24%。而在溶剂体系中加入水时,特别是在 600K 时,抽提率显著提高,达到 70.2%。这可能是由于水会对煤中化学键的断裂起到促进作用。He 等通过采用电子自旋共振(ESR)研究了在正己烷、甲苯、四氢化萘(THF)、1,2,3,4-四氢萘(THN)、N-甲基-2-吡咯烷酮(NMP)5 种溶剂萃取 3 种低等级烟煤过程中自由基的行为后发现,煤的自由基浓度在萃取过程中发生变化,这种变化受温度的影响,并随溶剂的不同而变化。

表 1.1　采用有机溶剂处理煤样的抽提物产率分布

| 数据处理 | 预处理 | 溶剂 | 温度/K | 处理方法 | 抽提产率/%（质量分数。干燥无灰基条件下） |
|---|---|---|---|---|---|
| Iino，1988 | — | $CS_2/NMP$ | 298 | 超声 | 20.2 |
| Takanohashi，1990 | — | $CS_2/NMP$ | 298 | 超声 | 33.1 |
| Ishizuka，1993 | — | $CS_2/NMP/N_2$ | 298 | 超声 | 31.2 |
| Yoshida，2002 | — | $CS_2/NMP$ | 298 | 超声 | 34.5 |
| Iino，2004 | — | $CS_2/NMP$ | 298 | 超声 | 32.1 |
| | | $CS_2/NMP$ | 500 | 加热 | 28.1 |
| | | $CS_2/NMP$ | 600 | 加热 | 31 |
| | | $CS_2/NMP/H_2O$ | 500 | 加热 | 28 |
| | | $CS_2/NMP/H_2O$ | 600 | 加热 | 70.2 |
| Li，2000 | | NMP/HHA | 175~300 | | |
| Nishioka，1991 | — | pyridine | 389 | 索氏提取法 | 42 |
| | 两步 | pyridine | 389 | 索氏提取法 | 50 |
| Fletcher，1993 | | pyridine | 389 | 索氏提取法 | 27.9 |
| Nishioka，1994 | 存在 | pyridine | 298 | 混合/离心机 | 34 |
| | 存在，干燥 | pyridine | 298 | 混合/离心机 | 24 |
| | 存在 | THF | 298 | 混合/离心机 | 26 |
| | 存在，干燥 | THF | 298 | 混合/离心机 | 24 |
| Carlson，1992 | — | THF | 339 | 索氏提取法 | 16.8 |
| Xia，1987 | — | benzene/methanol | 330 | 索氏提取法 | 4.3 |

在大多数溶剂中，当温度低于沸点时，自由基浓度的降低归因于煤中溶解的自由基的偶联，而在高温下的 NMP 溶剂中，自由基浓度的增大归因于溶剂对煤中弱键的裂解。另外，Tahmasebi 等通过对褐煤溶剂萃取及 $H_2O_2$ 氧化残渣化学结构变化的研究发现，褐煤在 40℃ 以上的 $H_2O_2$ 水溶液中容易氧化，其氧化行为（氧化速率、产物分布和产率）与温度密切相关。Zhang 等通过对不同溶剂对神府地区低阶煤微波萃取的影响研究发现，溶剂极性和溶剂与萃取物中官能团的相互作用是导致其微波辅助萃取差异的两个主要影响因素。

在所研究的溶剂中，四氢化萘能提取更多的极性化合物，其溶液中富含≥4 个环的高浓缩多环芳烃（PACs）。Hiroyasu Fujitsuka 等通过研究发现，有机溶剂的提取物的氧反应活性远小于原煤的氧反应活性。对经溶剂处理过的煤，提取的馏分和残渣的混合物的氧化反应性比残渣的氧化反应性小，但比原煤的氧化反应性稍大。Kouichi Miura 等通过对有机溶剂提取煤样过程的观察发现，在提取温度为 350℃时，有气体产物生成。

Liu 等通过采用有机溶剂处理褐煤研究发现，经过提质的褐煤中碳含量和热值提高，提质后的样品的 H/C 和 O/C 比值显著降低。当提质温度为 300℃时，提质褐煤中的羰基和羧基碳、含氧脂肪碳和甲氧基碳的相对百分含量降低了 20%～30%。Yan 等通过采用红外、热重分析仪和质谱仪（TG-MS）以及核磁共振（$^{13}$C NMR）对有机溶剂对提质褐煤化学结构和热解反应性的影响研究后发现，采用有机溶剂对褐煤进行脱水和提质是一种有效的方法。提质煤样中的醚、酯、醇中的羧基以及 C—O 键分别在 150℃和 200℃时发生分解，而脂肪烃、芳香烃族化合物结构以及酚基在 300℃条件下保持稳定。与原煤相比，提质煤样的结构变得更加紧密，处理后的样品的热解反应性略低于原煤。

Niekerk 等通过对煤与有机溶剂相互作用的分子动力学模拟研究发现，煤结构中的非共价键的相互作用由于范德瓦耳斯力的破坏而发生改变，其中与煤结构有关的羟基是溶剂相互作用中主要的氢键供体。

综上分析，针对褐煤采用有机溶剂进行提质的过程主要针对提质温度、煤样种类、辅助条件展开了多参数条件的基础研究，形成了一定的理论成果。但公开报道的文献更多地集中于单独溶剂或采用水研究原料以及反应参数对处理煤样物化结构的影响评价，对实际采用有机溶剂进行提质过程中反应器中水分含量对提质产物，包括气体、液体以及固体产物的影响，例如产物产率、固体产物中含氧官能团、孔隙结构变化、液体产物中有害组分分布等缺乏深入探讨。

# 1.2　褐煤中的重金属

## 1.2.1　重金属赋存形态

As、Hg 以及 Pb 是煤中主要的有害微量元素。在煤脱水提质以及燃烧等热转化过程中，这些微量元素向周围生态环境中释放，对人类和环境造成危害。煤中常见的主要矿物有硅酸盐、黏土矿物、黄铁矿和碳酸盐等。

相关研究表明，除含量大于 1% 的元素以及微量元素（0.1%～1%）外，煤中还含有 As、Hg、Cr、Cd、Pb、Mn 等微量元素（<1‰）。这些微量元素不仅与煤中矿物质有关，而且赋存规律与有机质也密切有关。Finkelman 等认

为煤中的 Hg 可能以固溶体的形式存在于黄铁矿中，Hg 与有机质具有很强的键合力，也可能与有机质一起赋存在煤中。另外，文献 [55] ～ [57] 表明黄铁矿是 As 的最重要来源，尤其是在烟煤中，As 可能与黄铁矿形成固溶体赋存在煤中。Kolker 等研究表明，煤样中的 As 主要以有机缔合物的形式存在，如 $As^{3+}$，以及通过有机缔合物 $As^{3+}$ 氧化形成的砷酸盐等。文献 [57]、[58] 认为煤中 Pb 通常与硫化物伴生，其也存在于其他矿相中。Lu 研究认为义马煤中的 Pb 以多种形式与矿物质伴生，其中伴生矿物质以黄铁矿（约 36%）、硫酸盐和单硫化物（约 30%）为主。在煤炭利用过程中，无论这些微量元素以何种形式存在，都会排放到自然环境中，危害环境。

因此，针对上述问题，当前褐煤脱水提质及后续热转化过程中微量元素的迁移转化规律得到了广泛而深入的研究。例如，Zhang 等通过对褐煤可吸入细颗粒焚烧灰中重金属的分布及释放机理研究发现，Na、Ge、W、As、Cr、Cd、Pb 的含量随粒径的减小而增加。Uçurum 等通过采用褐煤及其尾煤对废水中重金属铅的吸附效率影响研究发现，褐煤粒径分布对重金属吸附能力有所影响。当 pH 值等于 9、吸附时间为 120min、搅拌速度为 300r/min 时，初始金属浓度对 Pb 离子的吸附效果最佳，即吸附量为 29.92mg/g。Kortenski 等通过研究保加利亚索非亚盆地褐煤中微量元素和常量元素的含量及分布规律发现，煤样中的铝、硅、钾、稀土元素、铋、锌、钽、铊、锡、锶、铯、铀、钍、铷、金、铪与灰分含量呈正相关。一些赋存在有机物中的元素呈现出碳酸盐（与 Ca、Mg、Fe、Na、Ba、P 相关）或硫化物（与 Fe、S、Be、As、Sb、Ge、Na、Mo、In、W、Ni、Ag、Tb 相关）特征。其中，这些元素（La、Eu、Tb、Ce、Ta、Rb、Cs、Th、Sm、U、Yb、Sr、Mn、Hf、Zn，和 Al、Bi、K、Au、Sn、Tl、Si 关联）主要以无机物形式存在。

Xiang 等研究水热脱水对伊敏煤中微量元素迁移的影响后发现，水热脱水可能对脱除白云母和菱铁矿有影响。水热脱水过程中，As、Hg 和 Se 的最高脱除率分别为 15%、45% 和 43%。Hg、As 主要存在于黄铁矿中，Se 主要存在于黄铁矿和有机组分中。此外，Wang 等在采用亚临界水萃取法处理义马煤过程中对 As、Hg 以及 Pb 的迁移规律研究发现，随着温度的升高以及停留时间的延长，As、Pb、Hg 的脱除率增加。亚临界水萃取法脱除煤中的 Pb 比较困难，义马煤中的 As 和 Pb 是共伴生的，其不仅与黄铁矿有关，还与单硫化物、硫酸盐、硅酸盐、硅酸铝等矿物以及有机物有关。

Liu 等采用电感耦合等离子体质谱并结合能量色散 X 射线光谱仪（FESEM-EDS）、场发射扫描电子显微镜和 X 射线衍射（XRD）分析仪对超高有机硫煤中高浓度微量元素的赋存状态进行研究发现，元素 V、Cr、Se、Re、U

以及 Mo 主要与煤中的有机物有关，与伊利石或伊利石/蒙脱石混合层相关性较弱。煤中存在的铀矿物主要赋存在钴锰矿和褐铁矿中，而硫化矿物中的主要成分为 Cd，同时也存在一部分 Cr 和 Mo。

### 1.2.2 重金属析出特性

Chen 等通过对超临界水气化过程中褐煤中重金属的转化特性研究发现，当超临界水汽化后，褐煤中的重金属转化为更为稳定的组分。对于 Pb、Cd、Mn、Cu 以及 Zn 元素而言，超临界水气化降低了褐煤中重金属的生物有效性和风险。王馨等通过对褐煤燃烧过程中重金属元素 As、Cd、Sb、Pb、Hg 分布特征的研究发现，Hg 的挥发性最强，在 300℃ 下就有极高的挥发率，到 500℃ 挥发殆尽。重金属的挥发性由强到弱依次为 Hg＞As＞Cd＞Sb＞Pb，而重金属的赋存状态对其挥发性有明显的影响。赵承美等通过对褐煤与烟煤燃烧排放可吸入颗粒物的特性研究发现，随着燃烧排放可吸入颗粒物粒径减小，重金属和多环芳烃含量呈现逐渐增加的趋势，褐煤燃烧排放可吸入颗粒物中重金属总量要高于烟煤燃烧排放重金属总量。

此外，陈桂芳等通过研究煤中重金属在超临界水反应过程中的挥发及富集特性以及反应前后赋存形态变化规律发现，采用 Tessier 萃取法将煤中的重金属分为可交换态、碳酸盐态、铁锰氧化物态、有机态及残渣态；而采用化学萃取法将煤中的碱金属分为水溶态、羧酸盐态、配位官能团态及硅铝酸盐态。固体产物中的重金属相比原褐煤均有了不同程度的富集。

Nádudvari 等通过采用原子吸收光谱法和电感耦合等离子体质谱法研究煤自加热过程中重金属及有机物污染释放规律发现，Cd、Zn 和 As 的来源相似，煤在自加热过程中形成高浓度 Hg、Pb、Cd、氯化多环芳烃以及氮杂环化合物。

Liu 等通过对单颗粒煤燃烧过程中 As 挥发模型的数值模拟研究发现，随着温度的升高、$O_2$ 浓度的增加、粒度的减小，As 的蒸发速率逐渐加快，$As_2O_3$(g) 浓度峰值增大。与无烟煤相比，烟煤或褐煤的 As 蒸发速率更大。

Yang 等通过对高 As 煤燃烧过程中砷转化特性的研究发现，高 As 煤中无机元素以 Si、Al 为主，Ca 含量较低。煤燃烧过程中，Ca 主要转化为硫酸盐，Ca 对 As 的转化影响较小。Al/Fe 在砷形态转化中起着更为重要的作用，飞灰中的砷主要以砷酸盐与 Al/Fe 氧化物结合的形式存在。高岭土/偏高岭土中的铝具有良好的捕砷功能。此外，通过物理吸附机制捕获的 As 蒸气较少，部分细颗粒中 $As^{3+}$ 的大量存在主要是由砷蒸气与铝化合物发生化学反应所致。

Zhou 等通过对振动密介质流化床除砷工艺优化研究发现，细粒煤干法分选是一种低成本、无污染的煤燃烧前的砷预脱除方法。与原煤相比，精煤中 As 的含量降低了 81.06%，尾矿中 As 的含量高达 90.29%。Schwieger 等通过采用 Hg 分析和质谱联用热分析（TG/DSC-MS）方法对褐煤腐殖质中 Hg 结合态进行测定发现，褐煤中 Hg 与腐殖酸形成的化合物量明显低于 Hg 与腐殖质形成的化合物量。腐殖质与 Hg 具有高亲和力是由于 Hg 与羧基、羟基和硫醇基等官能团形成稳定的共价键。

Ma 等通过对 Hg 在煤氧耦合化学链中的行为规律研究发现，活性位点、吸附氧和晶格氧在 HgO 氧化过程中起到关键作用，足够长的还原时间和还原反应器中的氧均有利于降低氧化反应器中的 Hg 含量。

综上分析，由于褐煤煤质（包括其中重金属的分布形态）会因产地和煤化程度不同而不同，而且煤中重金属种类众多、应用方式多样，不同研究者得到的同种重金属挥发及富集特性、反应前后赋存形态变化规律以及动力学拟合数据均存在较大差异。因此，基于目前的研究，从微观及技术层面深入探讨低阶煤提质转化过程中微量元素分布及高效脱除煤中重金属是值得研究的课题。

# 1.3 褐煤热解

## 1.3.1 热解产物特性

下落床是一种高效热解反应器，有助于煤基多联产技术的基础研究。Li 等通过研究下落床中高温煤热解产物的特性及演化规律发现，褐煤热解后挥发分和水分含量降低，羧基、羟基等亲水性官能团含量减少，热解是褐煤脱水改质过程。与原煤相比，热解后半焦的比表面积和总孔体积增大。对于热解气体，随着温度的升高，$H_2$ 和 CO 产率明显增大，其他组分如 $CO_2$、$CH_4$ 和 $C_2 \sim C_3$ 碳氢化合物产率降低。

此外，为了进一步了解可燃区域内煤的自燃特性，Chen 等通过采用热重和红外方法对低氧浓度下长焰煤热解反应热性研究发现，长焰煤在氧浓度为 3%~5% 时会同时发生氧化和热解，氧化反应强度可进一步促进煤的自热。随着氧浓度和温度的降低，苯环上的碳碳键含量降低，而含氧官能团含量增加。Kim 等通过对亚临界压力下液态二氧化碳对煤热解和气化行为的影响进行研究发现，湿煤浆加料比干煤浆加料具有更高的反应速率和 CO 气体产率，这可

能是由于液态 $CO_2$ 闪蒸/蒸发过程导致的 $CO_2$ 易扩散或煤结构变化。

总体而言，与气态 $CO_2$ 相比，液态 $CO_2$ 促进了煤向 CO 气体的转化。在这种固定床条件下，水作为气化剂将煤转化为挥发性气体的效果优于液态 $CO_2$。Jiang 等通过采用热重分析仪和下落床反应器对神木（榆林）煤的高温快速热解应用进行研究发现，高升温速率引起的热滞后使 TG 和 DTG 曲线向高温区偏移；随着温度的升高，煤焦和煤焦油含量降低，煤气含量增加。半焦产率随粒度的减小先增大后减小，煤焦油产率则相反。

通过对煤焦油的表征发现，煤焦油主要由芳香族化合物组成，其含量可达 50% 以上。Chen 等通过采用热重分析仪和在线傅里叶变换红外光谱分析仪（TG-FTIR）在高升温速率下对 Naomaohu（NMH）煤热解的热力学性质及产物分布研究发现，NMH 煤的热解引起的裂解和断链机理存在差异，热解挥发分的吸光度受温度和加热速率的影响。热解挥发分以较快的速度释放，表明煤在较高的加热速率下可在较短的停留时间内分解。煤焦油中大多数化学化合物均为酚类化合物。另外，煤的微观非均质性是影响煤热行为的重要因素，对此 Xu 等通过采用显微拉曼光谱对准东煤热解半焦微观和整体结构表征进行研究发现，准东煤在微观尺度上的化学结构具有明显的非均质性。在微观尺度上，煤焦颗粒的结构演化是不同的，尤其是在准东煤热解早期。随着热解过程的进行，半焦颗粒在微观尺度上的化学结构趋于收敛，热解条件通常会导致热解半焦具有更高的非均质性。

准东煤热解过程主要分为两个阶段：一是甲基或亚甲基中的 C—H 迅速释放，小芳香环和 C=O 基团的相对数量略有减少；二是随着 C=O 基团的大量释放，热解半焦的芳构化程度迅速提高。为了进一步研究煤的高温热解反应和机理，Zhang 等在固定床和下落床反应器中对神华（SH）烟煤和白音华（BYH）褐煤进行热解对比实验。研究发现，随着热解温度升高，热解气体的释放速率和总产率增大，SH 煤的气体产率始终高于 BYH 褐煤，主要的热解气体产物为 $H_2$、CO、$CH_4$ 和 $CO_2$。高温下的碳还原反应可以进一步生成 $H_2$ 和 CO，而芳香杂环的断裂可以生成 $CH_4$。高温热解能有效地脱除煤中的水分，使煤中的孔隙结构得到发展，高温下煤中的 O—H、—$CH_3$、C=O、C—O 等化学官能团发生分解，使原煤得到提质。

较高的升温速率有助于快速生成大量的自由基，促使煤的热解行为发生改变。Zhou 等通过采用新型真空密闭反应器研究了煤热解过程中的产物分布特性并发现，与普通固定床反应器以及流化床褐煤热解反应器相比，新型真空密闭反应器大大缩短了挥发分反应时间，煤与挥发分的反应是一次热解。煤与挥发物反应生成的水参与了挥发物的二次反应。挥发分反应降低了半焦（也称为

"兰炭")的表面积和气体的热值,但增加了半焦的热值。

现阶段工艺路线以及煤结构大分子层面的研究说明,不同的煤热解工艺造成了热解半焦、热解焦油、热解气体产物组成及结构的变化,那么与煤结构紧密相关的煤的热转化性质也必将受到影响。因此,基于目前研究,探讨煤热转化过程中热解产物组成及内部微量元素或重金属析出规律是值得深入研究的课题。

### 1.3.2 催化热解

Song 等通过采用 GC-MS 和 GC 对赤铁矿催化煤热解挥发物制轻质焦油进行研究发现,赤铁矿作为催化床层促使焦油发生裂解,导致热解焦油产率降低,但 $CH_4$、$CO_2$ 和 $H_2$ 的产率提升。铁原子和晶格氧是热解焦油中化学键断裂的决定性因素。Fe 原子促使脂肪族碳氢化合物中的碳碳单键以及碳氢单键断裂,而晶格氧能促使碳氧单键断裂,产生 $CO_2$。

Lv 等通过采用气相色谱/质谱联用(Py-GC/MS)及氨程序升温脱附(NH3-TPD)分析检测技术对煤热解蒸气在分层 Y 型分子筛上催化转化制轻质芳香烃化合物进行研究发现,经过孔结构改性后的 Y 型分子筛对煤热解挥发分的改质具有良好的催化作用。煤热解挥发分经 EDY 分子筛催化裂解后,热解焦油中的苯、甲苯、乙苯、二甲苯、萘等轻质芳香烃总量显著增大。Y 型分子筛有利于多环芳烃的催化裂解、酚羟基的裂解以及杂环化合物的分解,从而促进了 BTEXN 的形成。具有宽孔径和大介孔体积的分层催化剂有助于大量反应物在孔隙通道中的扩散,与通道中活性中心接触后发生催化裂解反应,促进轻质芳香烃的生成。上述反应机理如图 1.1 所示。

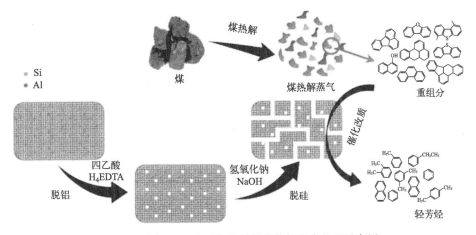

图 1.1 分级 Y 型沸石催化剂催化热解反应机理示意图

此外，Zhang 等通过研究煤催化热解过程中原生菱铁矿的转化及其对碳纳米管生长的影响发现，原生铁矿物在煤热解过程中对碳纳米管的形成具有重要作用。在 KOH 催化煤热解过程中，原煤中的 Fe 从本体迁移到煤颗粒表面，并在煤颗粒表面的某些区域富集。KOH 催化煤热解对煤中微孔的形成、比表面积和孔体积的增加有显著影响。该研究为富含铁矿物的低阶煤资源的开发利用提供了新思路。

在此基础上，Zou 等通过采用飞行质谱原位裂解技术对于改性高岭石对低阶煤中模型化合物苄基苯基醚热解的催化特性研究发现，在改性高岭石存在情况下，苄基苯基醚转化率显著提高。由于改性高岭石中酸性中心和六配位铝原子数量增大，催化产物中的苯酚和甲苯的含量增大，有利于含氢自由基的生成。苄基苯基醚中，脂肪烃里的碳氧键断裂是形成酚自由基和苄基的主要途径。

Kwon 等在采用铁碳复合催化剂催化低阶煤热解的研究中发现，以 $CO_2$ 作为载气将低阶煤输送到热解反应器中，$CO_2$ 与焦油的反应促使 CO 产率增大，为 $CO_2$ 转化生成 CO 提供了新途径。同时，低阶煤能够催化转化提高 CO 转化效率主要得益于煤中的无机组分的作用，以 $CO_2$ 为输送介质可以显著优化煤催化热解制轻质芳香烃的开发技术路线。

Wang 等以工业烷基化废红油为原料，采用双层固定床反应器考察了以自组装法制备的硫酸化碳基催化剂对煤热解挥发分的催化改质，研究发现，与活性炭或煤热解半焦相比，硫酸化碳基催化剂在提高轻焦油产率和轻质焦油馏分方面表现出更好的催化性能。硫酸化碳基催化剂具有较高的比表面积和相对较多的晶格缺陷，促进了重焦油向轻焦油的转化。硫酸化碳基催化剂中高含量的硫掺杂有助于二次反应中更多的氧化反应发生，生成更多的气态产物。

另外，热解水在硫官能团上被活化，形成 ·H 和 ·OH 自由基，对稳定焦油裂解产生的较大自由基碎片具有重要作用，导致更多的含氧有机化合物生成。Wang 等在镍基催化剂上，通过对煤热解焦油原位催化裂解与 $CH_4\text{-}CO_2$ 重整相结合的研究，发现镍基催化剂能同时催化煤焦油裂解和 $CH_4\text{-}CO_2$ 重整反应，重整过程中催化剂上生成的自由基 ·H 和 ·$CH_x$ 能与焦油催化裂解产生的自由基结合，进而避免焦油的过度裂解。与 Fe、Co 基的催化剂相比，改性 Ni 基催化剂具有良好的焦油裂解以及 $CH_4\text{-}CO_2$ 重整反应活性，对焦油的改质效果最好，轻馏分含量增加，沥青含量明显降低。轻组分苯、酚、萘含量升高，长链脂肪烃和 3、4 环芳香烃含量明显降低。

### 1.3.3 催化氧化提质

　　随着工业化和现代化进程的推进，城市污泥产量逐年增加，导致能耗和处置成本急剧增加。城市污泥是城市污水常规处理中的重要副产品。由于城市污泥中的有机物（如碳水化合物、蛋白质、脂质和核酸）含量较高，城市污泥展现出高附加值有机化合物的生成潜力。但它也携带许多有害成分，例如病原体微生物、重金属、人工合成有机物等，这些成分对环境有害。因此，如何高值化处理城市污泥受到越来越多人的关注。

　　焚烧被认为是一种比较成熟的技术，可无害化处理城市污泥，但面临污染物排放和成本较高的问题。一般污泥的有机质含量为44%～59%，有的高达65%～70%。污泥中大量的有机质可作为生物质能源，转化为可利用的燃料或转化为其他化学制品。污水、污泥若处置合理，就可变为非常有用的资源。因此，城市污泥的无害化处理和资源化利用也已成为环境领域亟待解决的问题。

　　热解技术是实现污泥废物回收和能源转化利用的一种具有光明前景的替代方案，它比传统的焚烧填埋方式更环保。热解，即原料在无氧条件下的热分解过程，其结果完全取决于样品的化学特性，利用吸热反应进行分解。热解过程主要产生液体焦油、固体热解半焦以及气体三种产物，其中焦油是一种芳香烃含量较高的复杂化合物。焦油的存在会导致反应容器的污染以及管路堵塞，影响热解反应的效率，因此焦油轻质化尤为重要。在重质焦油提质方法中，催化裂解因其催化活性高，生成轻质焦油和高热值燃气而得到广泛应用。需要指出的是，催化裂解过程中采用含有镍、铁、钴、铜等过渡金属催化剂的报道越来越多。相关研究表明，过渡金属催化剂对于焦油的催化裂解具有优越的催化性能，而且过渡金属催化剂具有比贵金属催化剂更加低廉的价格。

　　国内外对污泥热解特性及动力学的研究内容较多，例如热分析动力学是基于化学热力学、化学动力学和热分析技术形成的分支学科。热动力学分析的目的是获得涉及表观活化能（$E$，kJ/mol）、频率因子（$A$，s$^{-1}$）和机理函数$f(\alpha)$的动力学。在相关的研究中，常用高斯分布活化能模型（DAEM）分析污泥热解过程，该模型假设无限数量的具有独特动力学参数的一阶平行反应同时发生，模拟分析热解过程中所涉及的反应行为及其传热效率计算。

　　Fang等通过采用TG-FTIR和DAEM模型研究城市固体废物和纸污泥的共热解特性及其动力学发现，通过采用高斯分布活化能模型，城市固体废物与污泥共热解过程在 110～600℃ 和 600～1000℃ 两个阶段的活化能分别约为 170kJ/mol 和 300kJ/mol。此外，为了获得更多热解产物和实验样品能量转化分布的信息，研究人员普遍采用热重分析（TGA）、气相色谱/质谱（Py-GC/MS）联用分析仪研究热解产物组成，发现污泥热解有两种热解产物（约占总产物的 60%），即苯及其衍生物以及 $C7_p$（碳原子大于 7）。污泥和煤的挥发分、灰分、热值以及水分含量都不相同。化学性质和物理性质的差异导致在共同处置过程中产生不同的热反应热性。与煤和生物质的共热解类似，污泥样品中高含量的挥发物和高热化学反应性也可能会促进煤热解过程中挥发分的改性。通过查阅相关文献发现，污泥与诸多原料［如煤、生物质和城市固体废物（MSW）］的共热解被认为是污泥处理和利用的最有前景的途径之一，在此过程中不仅可以一步转化生产液体产物，而且热解也是所有其他热化学转化过程（包括燃烧、液化和气化）的必经阶段。

Zhang 通过研究煤与污泥共热解，证实了有效碳、氢含量与高附加值化学品产率间存在正相关性。由于低阶煤的组成化学反应活性较高，与污泥共热解不仅能够改善热解液体产物结构，提高产物品质，还可实现城市污泥废弃物的减量化和能源化。相关研究结果表明，污泥/煤混合料的热特性介于煤与污泥之间，污泥与煤共热解过程存在协同作用。例如，肖晓等研究了加热速率和载气配比对煤和污泥共热解特性的影响，发现在研究温度范围内，根据单个物料的计算值，共混物的失重低于预期，表明煤与污泥之间存在抑制作用。但也有人通过采用热重分析仪研究不同污泥与生物质混合共热解，发现共热解过程不存在显著的协同效应。

此外，在部分研究中也发现，催化热解过程易产生严重积炭，导致催化剂快速失活。众所周知，以制焦油和气体产物为目的的热解，大多数是在无氧、700℃条件下进行的。但也有很多学者研究了 $O_2$ 在热解气氛下对产率和热解焦油组成的影响，在微氧气氛下热解，$O_2$ 与焦油重质组分以及催化剂表面的积炭发生氧化反应，使轻质产物产率增大，催化剂表面的催化活性位点数量增大，但大部分研究都是在固定床反应器上进行，反应过程机理研究仍存在局限性。

Zeng 等研究发现，热解过程中随着 $O_2$ 的加入，CO 和 $CO_2$ 的产率升高，$H_2$ 的产率降低。在含有 $O_2$ 和蒸汽的气氛下，半焦比表面积和微孔数量增大，同时强化了芳香环 C=C 双键的聚合反应（例如，促使低含量的单环 C=C 的反应），形成更多的 PAHs。在以前的研究中已经发现，天然矿石对煤热解具有催化作用，以铁矿石为例，催化热解反应中 $Fe_2O_3$ 为主要活性相，脱水针铁矿中的纳米孔隙对挥发分催化裂解也有重要作用。但大部分研究者都认为，铁矿石对燃料气的转化率还不够高，同时供氧能力较低，表面容易产生积炭。因此，单独天然铁矿石作为氧载体有天生缺陷。

需要强调的是，化学循环法是一种新型的热化学转化技术，它利用氧载体在空气反应器和燃料反应器之间循环，实现原料的热化学转化。此外，氧载体的催化作用和氧化热可用于焦油裂解和有机生物质和焦油重质组分气化。前已述及，热解过程中铁矿石表面易积炭、污染物对天然铁矿石表面产生污染以及铁矿石与灰分分离过程易造成铁矿石的损失，这些都充分说明天然铁矿石单独作为氧载体不合适。但有研究表明，通过引入外源离子，可提高铁基氧载体的性能。

Tian 等研究表明：天然铜矿与赤铁矿按不同比例混合，在煤的热化学转化过程中具有协同作用，蒸汽浓度、氧燃比以及煤种对氧载体所起的作用均有重要影响。此外，近年来人们对天然矿物如铁矿、铜矿、锰矿作为氧载体均做了研究，也得到了一些结论。同时，一些研究者也将碱金属碳酸盐引入到以天然矿石为基础的氧载体制备中，发现通过碱金属碳酸盐的引入，加速了 $CH_4$ 的转化，增强氧载体的抗烧结性能。

综上分析，针对污泥与低阶煤的单独/共热解、微氧气氛下热解、催化热解以及煤的化学链热化学转化，国内外学者展开了多原料、多催化剂、多参数条件的基础研究，形成一定的理论成果。但公开报道的文献更多地集中于单独热解动力学研究以及原料和反应参数对产物结构的影响评价，对解决污泥单独热解自身能量不足、低阶煤单独热解重质焦油产物产率较高以及通过引入外源离子增加氧载体供氧能力及催化热解能力的作用机理，还缺乏深入探讨。尤其是通过引入低阶煤与干化污泥共热解以及引入氧载体同时解决上述三个方面的问题，目前研究还较少。

# 1.4 褐煤基活性炭

## 1.4.1 活性炭制备方法

活性炭主要由碳元素组成，是一种内部孔隙结构发达的物质，按照活性炭孔隙尺寸的不同，国际纯粹与应用化学联合会将孔隙分为三种：微孔（0.5～2nm）、中孔（2～50nm）和大孔（50～2000nm）。活性炭广泛应用于水处理、环保、催化剂载体、溶剂回收、脱色等领域。目前，制备活性炭的主要原料是煤、石油焦和木材，商业活性炭的价格较高。因此，许多研究人员将注意力从生物质转向更便宜的化石燃料——低阶煤，例如，褐煤以及低阶煤热解半焦等材料不仅价格较低，而且这些原材料来源广泛，制备活性炭具有较好的理化性能，不仅可以消除造成环境问题的风险，还可以增加原料的多利用途径，提高附加值。

可以通过物理或化学方法活化活性炭的前驱体制备活性炭，其中前驱体可以是煤、热解有机材料或生物质。采用物理方法或热转化活化法一般是在800℃的温度下，采用 $CO_2$ 或水蒸气对前驱体进行活化造孔。此外，化学活化法主要是基于采用活化剂（$ZnCl_2$ 或 KOH）浸渍前驱体本身（一步）或热解后的有机前驱体（两步）进行活化。在浸渍过程中，通常需要进行低温加热，以保证浸渍效果。通过采用上述活化方法制备的活性炭具有较高的比表面积和微孔体积。

### 1.4.2　活性炭的应用

Khuong 等采用竹子及其固体残渣通过 $CO_2$ 活化方法制备活性炭，并用于吸附 $CO_2$。研究发现，竹炭和固体残渣中的炭都具有明显的微孔结构。在最佳的 $CO_2$ 活化条件下，可以强化活性炭的微孔结构生成，对 $CO_2$ 具有较好的吸附能力。

Gokce 等通过采用脱灰低阶煤制高性能活性炭对亚甲基蓝和苯酚的吸附特性研究发现，脱灰煤制备的活性炭的比表面积大于原煤制备的活性炭，碳化导致样品比表面积增大。通过研究得出结论：对于低阶煤脱灰和碳化会影响活性炭的选择性，低阶煤是生产具有较高吸附能力的活性炭的理想原料。

García-Díez 等通过采用物理和化学两种活化方法对由低价值煤焦油产品衍生的新型分层活化有序微介孔碳捕获 $CO_2$ 的研究发现，有序的介孔结构有助于 $CO_2$ 扩散到活性炭的微孔中。

Shi 等以无烟煤为原料，采用 KOH 活化法制备超高比表面积煤基多孔活性炭材料，并测定了其电化学性能。研究发现，KOH 活化过程中在炭材料表面引入了大量羟基，提高了炭的润湿性，将其作为超级电容器的电极可提供较高的比容量。特别是作为对称电容器的电极时，多孔活性炭展现出较高比电容和能量密度。

研究认为，煤基多孔活性炭材料具有电容特性，可以拓宽到电极材料的应用领域，具有广阔的应用前景。Song 等通过采用化学活化法制备无烟煤基活性炭对模拟烟气中的 Hg 吸附特性的研究发现，采用溴化物浸渍制备的无烟煤基活性炭对 Hg 吸附能力随模拟烟气温度的升高而增大。由于溴化物浸渍的无烟煤基活性炭样品可为 $Hg^0$ 电离提供吸附位点，因此可推断出 Hg 与溴化物离子的放热反应主导了整个吸附过程。

Hassan 等通过采用 NaOH 溶液对低阶煤进行化学活化制备纳米活性炭，并用于吸附模拟纺织废水中的亚甲基蓝，结合 TEM、Raman 光谱、FT-IR 以及 BET 表征分析技术发现，制备的纳米活性炭为球形结构，平均粒径为 38nm。采用 Langmuir 和 Freundlich 等温线模型可以较好地拟合亚甲基蓝在纳米活性炭上的吸附数据。此外，研究还发现制备的纳米活性炭对亚甲基蓝的吸附机理为单层吸附。

### 1.4.3　磁性活性炭

磁性活性炭生产工艺简单、价格低廉，而且由于活性炭有磁性，可以采用磁选方法进行固液分离，因此具有环境友好和大规模应用的优点。Costa 等通过以大豆壳为碳前驱体采用改性 Pechini 法制备低成本磁性活性炭，其对酚类化合物的吸附表现出很强的亲和力。

研究发现，磁性活性炭中的铁含量、物相形成以及石墨化程度不仅对磁性有影响，而且对吸附容量也有影响。Salem 等以杏仁壳粉和核桃壳粉为原料，采用复合浸渍的方法，研究了锌、氯化铁、氯化铁三元催化体系对阳离子染料吸附效率的影响，发现当采用核桃壳制备的活性炭上负载超过 50% 的三氯化铁时，对于阳离子染料吸附效果最好。虽然磁性颗粒负载在吸附剂上会导致吸附效率下降，但制备的 99% 以上的磁性活性炭均表现出优异的吸附性能。微波辅助碳化制备的磁性活性炭具有更多的纳米结构，导致其对染料的吸附效率高于氮气气氛下制备的磁性活性炭，总体技术路线图如图 1.2 所示。此外，$Fe_3O_4$ 在磁性活性炭中的含量影响吸附能力与磁性之间的平衡关系，因此会影响溶液中有机污染物的脱除程度。基于此，Lv 等通过研究 $Fe_3O_4$ 与磺胺甲恶唑在磁性活性炭上的吸附行为的相关性发现，当 $Fe_3O_4$ 的质量分数相对较低（≤20%）时，单层球形 $Fe_3O_4$ 颗粒几乎都沉积在活性炭表面，大部分孔隙不会被 $Fe_3O_4$ 堵塞。

由于阳离子辅助电子供体-受体发生相互作用以及疏水作用，因此溶液中磺胺甲恶唑被磁性活性炭所吸附，吸附过程伴随着自发放热，是一个熵增加的过程，吸附动力学符合二级动力学模型。$Fe_3O_4$ 加载速率增大，可磁性活性炭制备速率也随之提高。磁性颗粒在活性炭表面单层生长，孔结构被堵塞概率降低，同时含氧官能团在磁性活性炭的表面暴露概率更高。

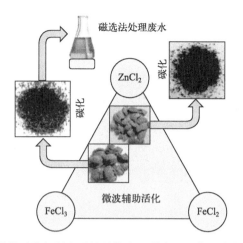

图 1.2　微波辅助热解制备磁性活性炭吸附有机阳离子废水工艺流程图

Jiang 等以褐煤为原料，以 $Fe_3O_4$ 为双功能添加剂，制备了磁性可分离介孔活性炭，并结合低温氮气吸附、扫描电镜（SEM）、透射电镜（TEM）、X射线衍射（XRD）、X射线光电子能谱（XPS）和振动样品磁强计（VSM）等分析检测技术对磁性活性炭进行了表征。结果表明，磁性活性炭中含有高度分散的含铁团聚体，$Fe_3O_4$ 颗粒可以促进碳化过程中挥发分的逸出。$Fe_3O_4$ 颗粒在活化过程中使活性炭孔隙壁烧损速率加快，微孔尺寸增大，产生中孔和大孔。在制备磁性活性炭过程中，部分 $Fe_3O_4$ 转化为 FeO、FeOOH、$\alpha$-Fe、$\gamma$-Fe、$Fe_2SiO_4$ 和铝铁硅化合物。Mohammadi 等通过采用负载钴纳米颗粒的磁性活性炭脱除溶液中的苯酚，同时结合 SEM-EDS（扫描电镜-能谱）、FT-IR（傅里叶红外光谱仪）、XRD、BET（比表面积测试仪）以及 VSM 等测试手段对负载钴纳米颗粒的磁性活性炭的理化性能、形貌和结构特征进行了全面分析，研究发现，Langmuir 模型能较好地描述苯酚在对负载钴纳米颗粒的磁性活性炭上的吸附特性，Elovich 模型能够很好地解释磁性活性炭吸附苯酚的机理。在 275～309K 温度范围内，吸附过程是自发吸热的反应过程。

综上可知，介孔活性炭已被广泛用于催化剂载体、电容器和生物医学等诸多领域，通常被用来吸附溶液、气体中的大分子物质。在吸附过程中，大颗粒的活性炭由于相互作用的碰撞或磨损而变成细颗粒。因此，很难通过重力沉降、离心、过滤和浮选等方法有效地回收分离这些细颗粒。通过磁选方法从混合介质中分离出磁性活性炭是可行的，而且整个过程工艺简单、成本低廉。近年来，磁性活性炭的制备是冶金、环保、化工等领域的研究热点。传统上，一般使用商业活性炭为前驱体，在室温下通过对活性炭负载 $FeCl_3$、$Fe(NO_3)_3$、$Fe_3O_4$、$\gamma$-$Fe_2O_3$ 或 $Ni(NO_3)_2$ 制备出磁性活性炭。

### 1.4.4 活性炭对氰化物吸附的影响

氰化物由于与金属离子具有很强的亲和力,在电镀和采矿工业中得到了广泛的应用。工业活动排放的废水往往受到各种有毒或有害物质的污染,对水环境产生不利影响。例如,金属精加工和电镀行业是重金属(锌、铜、铬等)和氰化物污染物的主要来源之一,这些污染物大大增加了受纳水体的污染负荷,因此增加了环境风险。

Monser 等通过采用改性活性炭脱除废水中铜、锌、铬和氰化物的研究发现,改性活性炭表面含有碘化铵和二乙基二硫代氨基甲酸钠。该改性技术提高了碳的脱除能力,降低了金属加工(电镀)废水中 Cu(Ⅱ)、Zn(Ⅱ)、Cr(Ⅵ)和 CN⁻的脱除成本。

Dash 等通过采用粒状活性炭脱除水和废水中的氰化物的研究发现,较高的脱除温度对铁的氰化物的脱除具有促进作用。钠氰化物、锌氰化物和铁氰化物脱除的最佳 pH 值分别为 9、7 和 5。在较高的温度范围内,铁氰化物的脱除率较高,而钠氰化物和锌氰化物在 25～35℃下的脱除率最高。

Yeddou 等基于过氧化氢氧化法利用负载 Cu 的活性炭脱除水溶液中的氰化物,研究发现负载 Cu 的活性炭提高了吸附反应速率,Cu 对氰化物的吸附具有催化作用。氰化物吸附符合准二级动力学吸附反应特性。

Behnamfard 等研究采用活性炭吸附水溶液中游离氰化物的吸附平衡,并结合 Freundlich、Dubinin-Radushkevich、Temkin 和四种不同线性化形式的 Langmuir 模型(以上均为两参数模型),以及 Redlich-Peterson 和 Koble-Corrigan(三参数模型)对吸附数据进行拟合发现,三参数模型优于两参数模型,Koble-Corrigan 模型最能代表拟合数据的平衡。颗粒内扩散曲线表明,游离氰化物的吸附过程分为两步:第一步,随着反应的开始,氰化物的吸附是一个加速反应;第二步,随着反应的持续进行,氰化物的吸附速率逐渐降低。

## 1.5 本书主要内容

随着世界范围内能源需求和竞争的加剧,各国都在积极构建经济发展与能源储备、能源效率、环境条件以及限制因素等之间的关系,并根据各自的国情采取相应的政策以及措施。"十四五"规划和 2035 年远景目标纲要中明确要求：中国 $CO_2$ 排放力争 2030 年前达到峰值，努力争取 2060 年前实现碳中和。可预见未来我国煤炭消耗量大体会呈现加速降低趋势，但受我国能源禀赋特征影响，未来更大概率是通过设备改造升级以及提高能源转化效率来降低 $CO_2$ 排放，达到碳中和。

因此，未来一段时间我国仍然是以煤为主的能源结构，特别是大力开发利用低阶煤资源。以褐煤为代表的低阶煤含水率较高，不适合远途运输和利用。无论是直接燃烧，还是作为化工原料，包括气化、热解以及液化，都受到褐煤中高水分含量的影响。此外，在煤脱水提质以及后续热转化过程中，煤中的重金属等微量元素向周围生态环境中释放，对人类和环境造成危害。因此，对于不同脱水方式以及脱水前后煤中重金属含量变化规律的研究显得非常重要。与富氢原料相比，褐煤贫氢、富氧的特性尤为明显，热解过程中重质焦油较多，催化剂积炭严重。污泥中的有机质含量高，在污泥热解过程中添加煤进行混合热解可解决污泥单独热解自身能量不足的问题，并能有效改善产物特性，且二者在热解过程中可能存在协同效应。采用化学链循环法，研究氧载体的催化作用和氧化放热对于焦油裂解和有机生物质、焦油重质组分气化特性的影响变得更加具有现实意义。需要指出的是，长久以来，褐煤热解半焦的后续利用一直处于开发探索阶段，没有实现真正的可大范围推广的商业化技术，因此本书以褐煤为原料制备活性炭，对比研究了不同 pH 值范围内褐煤基磁性活性炭、褐煤基普通活性炭以及商业活性炭对溶液中氰化物的脱除率的影响。通过上述研究，使褐煤提质整个产业链变得相对完满，增强了企业的销售半径，提高了企业的竞争力。

本书以提质褐煤结构及其产物分布特性研究为基础，研究了提质褐煤中微量元素分布及热解对 Hg 脱除规律的影响。在此基础上，探讨了褐煤催化氧化热解产物分布规律；在总结前人研究成果的基础上，针对如何有效就地消化褐煤热解半焦，研究了褐煤基活性炭对氰化物废水吸附规律、吸附动力学及其反应机理。本书主要研究内容如下：

① 以实验样品的工业分析、元素分析为基础，对 $N_2$ 气氛下以及不同溶剂对提质褐煤及其物化结构影响进行了研究；结合热重分析仪（TGA）、X 射线光电子能谱分析（XPS）、核磁共振波谱法（NMR）、傅里叶红外光谱仪（FT-IR）以及扫描电子显微镜（SEM）等分析检测技术，对提质褐煤的表面结构以及官能团分布等参数进行研究，掌握不同脱水方式对褐煤提质过程中物化结构变化及产物的释放特性。

② 以上述提质褐煤为实验原料，对提质褐煤进行 X 射线衍射分析（XRD）。在此基础上，通过采用逐级浸出的方法，研究了褐煤中 Hg、As、Cd

以及 Pb 四种重金属化合物的存在形态，并分析了影响重金属析出的机理；探索了不同提质方式对废液中金属阳离子浓度的影响；Hg 具有高度的挥发性、毒性、生物蓄积性以及抗氧化性，针对其研究了热解温度和达到终温后的保温时间对 Hg 释放规律的影响。

③ 选用来自济南市某污水处理厂干化污泥以及内蒙古自治区锡林郭勒盟的褐煤进行热解实验；以天然针铁矿为主制备氧载体，通过添加天然氧化铜矿物以及氧化镍矿物，改善天然铁矿石基的双金属、三金属氧载体供氧能力；结合 TGA、FT-IR、SEM、XRD、XPS 以及热重-质谱联用（TG-MS）分析仪等表征设备研究了氧载体中晶格氧和氧空位所占百分比，以及实验温度、氧载体组成等工艺参数对热解气体产物产率、气体产物组成、焦油组成以及固体残渣气化反应的影响。

④ 以不同提质条件下的褐煤为原料，通过负载 $Fe^{3+}$ 制备常规活性炭与磁性活性炭；通过采用 SEM、XRD 以及 XPS 等分析检测技术对活性炭的孔隙结构、磁性特征进行表征与分析。在此基础上，研究了溶液 pH 值对氰化物脱除率和 Zeta 电位影响，以及氰化物浓度在不同 pH 值范围内对脱除率的影响。采用 Langmuir、Freundlich 以及 Redlich-Peterson 等温吸附模型评价氰化物吸附过程，并结合准一级动力学模型和准二级动力学模型研究在两个不同的 pH 值范围（7～8 和 10～11）内氰化物的吸附过程及其吸附机理。

本书研究技术路线如图 1.3 所示。

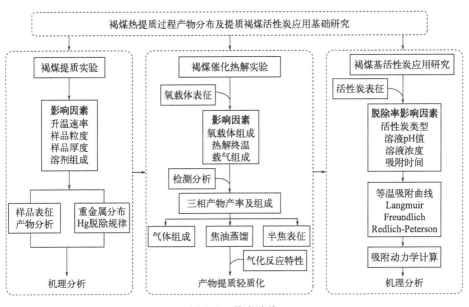

图 1.3 技术路线

# 1.6 本章小结

    本章综述了我国能源消费现状以及褐煤提质及热转化技术发展现状；对褐煤中的重金属赋存形态及其析出特性进行了总结；对褐煤热解产物析出特性、催化热解机理以及催化氧化产物提质进行了全面归纳。此外，对褐煤活性炭制备方法、活性炭应用、磁性活性炭制备以及活性炭对于氰化物吸附特性进行了综述。在此基础上，分析了我国总体的能源形势，明确了本书的主要内容，并绘制出技术路线图。

第 **2** 章
# 实验工艺与制备装备

## 2.1 实验样品

　　内蒙古自治区锡林郭勒盟矿区褐煤经过粉碎、研磨、筛分后获得粒径小于 $120\mu m$ 的褐煤实验样品。本实验污泥样品取自济南市某污水处理厂干化污泥颗粒,经过研磨筛分,颗粒小于 $100\mu m$ 。褐煤和污泥均在 $105℃$ 干燥箱中进行干燥处理之后才进行热重分析,工业分析与元素分析结果如表 2.1 所示。另外,本研究中选择了一种来自我国南部某选矿厂的赤铁矿,一种来自我国西南某选矿厂的铜精矿,一种来自我国西北某选矿厂的镍精矿,三种精矿产品粒度均小于 $74\mu m$ 。三种天然矿石的精矿的化学组成分析如表 2.2 所示。赤铁矿精矿中的 $Fe_2O_3$ 含量为 $86.17\%$ ;铜精矿中氧化铜含量为 $16.36\%$ ,而 $CuFe_2O_4$ 含量为 $52.21\%$ ;镍精矿中氧化镍含量为 $6.64\%$ 。

表 2.1　煤样与污泥的工业分析和元素分析❶

| 样品 | 工业分析/%(wt) | | | | | 元素分析/%(wt) | | | | |
|---|---|---|---|---|---|---|---|---|---|---|
| | $M_{ar}$ | $M_{ad}$ | $A_d$ | $V_{daf}$ | $FC_{daf}$ | $C_{daf}$ | $H_{daf}$ | $N_{daf}$ | $S_{t,daf}$ | O (by diff.) |
| 褐煤 | 38.59 | 14.34 | 10.73 | 65.21 | 34.79 | 61.95 | 4.97 | 1.28 | 0.51 | 31.29 |
| 污泥 | — | 5.54 | 28.22 | 92.39 | 7.61 | 57.40 | 7.50 | 8.68 | 1.42 | 25.00 |

　　注:M—水分;A—灰分;V—挥发分;FC—固定碳;C,H,N,S,O—元素符号;
ar—收到基;ad—空气干燥基;d—干燥基;daf—干燥无灰基;by diff.—差减计算。

---

❶　表 2.1 第 2 行外文释义 (表 3.3 等可参考此处的表注)。

表 2.2　三种铁矿石的多元素分析

| 赤铁矿 | ％（wt） | 铜精矿 | ％（wt） | 镍精矿 | ％（wt） |
|---|---|---|---|---|---|
| TFe | 60.32 | GuFeS$_2$ | 26.97 | Grade | 5.23 |
| Al$_2$O$_3$ | 0.42 | CaO | 2.38 | Al$_2$O$_3$ | 10.71 |
| SiO$_2$ | 1.36 | MgO | 2.17 | CaO | 11.97 |
| CaO | ＜0.05 | Al$_2$O$_3$ | 10.22 | MgO | 29.38 |
| MgO | 0.04 | TFe | 24.36 | TFe | 13.58 |

注：TFe，即全铁。

# 2.2　褐煤提质实验过程

## 2.2.1　褐煤脱水实验

（1）热重实验

采用德国耐驰热重分析仪（Netzsch STA 449）考察褐煤在不同升温速率下的热失重特性。每次实验大约称取（6±0.03）mg 样品放到坩埚中，随着反应温度的升高，热重分析仪对样品进行连续称重，进而获得反应过程中样品的失重量变化。反应系统以氮气作为载气（50mL/min），样品加热速率分别为5℃/min、10℃/min、20℃/min、40℃/min、80℃/min、100℃/min。

（2）氮气干燥实验

实验固定床装置如图 2.1 所示，反应器由石英管（32mm×400mm）、布样平台组成。反应器内部装有测温电偶，采用带有控温电偶的电炉进行外加热。载气由质量流量计调控从反应器上端进入系统，自上而下通过反应器，蒸汽进入冷阱（−15℃），冷凝液体收集于冷凝瓶中。试验流程：实验开始前，载气 N$_2$（100mL/min）吹扫系统 10min；开启电炉加热，载气流量降至 50mL/min；实验开始之前，称取煤样 30g 加入到反应器中，设定干燥温度为 150℃，升温速率为20℃/min，干燥时间为 0～100min；每组实验进行 3 次重复性考察试验，对重复性实验所得到的脱水煤样水分含量做误差分析，相对偏差 RD＜2.2％。

（3）水热脱水实验

采用 1000mL 的水热反应釜进行褐煤水热预处理（实验装置如图 2.2 所示）。首先，将 30g 褐煤样品和 200mL 四氢化萘混合并放置到高压反应釜中。预先通入氮气，以排净腔体内空气，反应过程中搅拌速度为 200r/min，加热

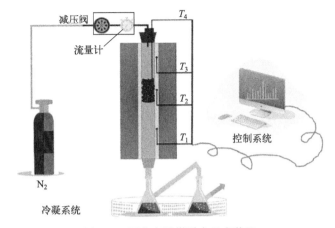

图 2.1　固定床褐煤脱水反应装置

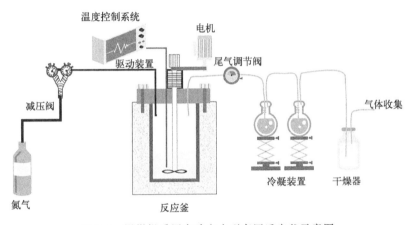

图 2.2　褐煤提质用实验室小型高压反应釜示意图

速度为 5℃/min，目标温度分别为 150℃、200℃、250℃、300℃，反应釜内压力为 2.5MPa，并在终温保持 60min。待冷却至室温后，进行固液分离，滤饼用苯洗涤 3 次。这是因为苯的沸点为 80.1℃，所得样品在 80℃的真空干燥箱中干燥 24h 后很容易脱除苯。对滤饼进行工业分析和元素分析，滤饼分别命名为 XLT-150、XLT-200、XLT-250、XLT-300。随后，按照上述方法，采用水对内蒙古锡林郭勒褐煤进行脱水提质，以水为介质的提质煤样，经过滤、干燥后所得煤样分别命名为 XLW-150、XLW-200、XLW-250、XLW-300。

## 2.2.2　程序升温热解实验

采用固定床实验装置进行不同处理方式的褐煤的程序升温热解实验。称量

20g 提质煤样装在石英制坩埚中，并推入到石英管中心位置（直径 30mm，长度 140mm），石英管两侧配有密封法兰。在进行升温前，预先通入 $N_2$ 对石英管内进行吹扫，防止样品发生氧化反应。采用 100mL/min 的 $N_2$ 作为载气，以连续送走煤颗粒周围的挥发性物质，防止发生二次反应，K 型热电偶用于样品温度监测。样品以 20℃/min 的加热速率对实验煤样加热至预先选定的温度（500℃、600℃、700℃和 800℃），并保持 30min，以便热解反应完全。热解过程中产生的气体和蒸汽通过浸入异丙醇/液氮混合体（−80℃）中的双 U 形石英管，并填充石英棉以捕获水蒸气等挥发性产物。采用分析纯丙酮作为溶剂对热解焦油进行溶解，液体产物中的固体碳颗粒采用砂芯漏斗过滤脱除，然后在负压下对滤液中的丙酮进行 60℃蒸馏。当蒸馏瓶中不再有气泡时，停止加热，瓶中液体质量即为热解焦油质量。实验后，在氮气流下关闭炉子，将固体半焦冷却至室温，从石英坩埚中取出并称重。

## 2.3 褐煤提质产物表征

（1）XRD 表征

对反应前后的代表性样品进行 XRD 分析。进一步研磨样品，以满足 XRD 样品制备要求。以自动程序运行，控制步长为 0.05°、扫描速度为 2（°）/min，设定衍射角 2θ 从 5°到 95°或进行自动扫描。使用计算机控制铜阳极产生 X 射线，配备自动发散狭缝。

（2）ICP-MS 表征

除了 Hg、As 元素之外的重金属采用美国赛默飞世尔科技公司（Thermo Fisher Scientific）生产的型号为 ICAP-Q 的电感耦合等离子体质谱（ICP-MS）仪进行检测；在通过 ICP-MS 测定之前，煤样在微波反应器中以 $HNO_3$ 和 HCl 为溶剂进行消解。采用双道原子荧光光谱仪测定褐煤中的 Hg 和 As 元素。

（3）SEM-EDS 表征

为了了解褐煤原煤和提质煤的表面形貌特性，实验采用日本电子株式会社的 JSM-7001F 发射型热场扫描电子显微镜-能谱分析仪（SEM-EDS）对褐煤原煤以及脱水褐煤的氧元素分布进行表征，放大倍数为 20000，使用电压为 3.0kV。

（4）孔隙结构表征

采用氮吸附仪在真空条件下对实验样品进行孔隙结构表征，利用 BET（Brunauer-Emmett-Teller）的 $N_2$ 吸附数据分别计算了比表面积、总孔体积、微孔分布和微孔率等参数。

　（5）红外光谱表征

　实验采用德国 Bruker Tensor 27 红外光谱仪对实验样品表面的官能团进行表征。其工作范围为 $4000\sim400cm^{-1}$，分辨率为 $4.0cm^{-1}$。通过将实验样品与 KBr 晶体混合并压制透明薄片进行红外光谱分析。

# 2.4　提质褐煤重金属逐级浸出

　逐级浸出是一种广泛用于元素存在形式研究的方法。本研究采用逐级浸出的方法研究提质褐煤中 Hg、As、Cd 以及 Pb 的赋存方式，其操作步骤如下。

　测定离子态重金属含量：将 3g 煤放置在 50mL、1mol/L 的 $NH_4Ac$ 溶液中放置 24h，然后将上层悬浮液离心 10min，用去离子水将澄清溶液补足至 100mL，测定重金属元素含量，随后将残留物在 60℃下干燥。

　测定碳酸盐类重金属含量：将上述干燥样品置于 50mL、6mol/L 的 HCl 溶液中放置 24h，然后将悬浮液离心 10min，用去离子水将澄清溶液补足至 100mL，测定重金属元素含量，随后将残留物在 60℃下干燥。

　测定硫化物类重金属含量：将前一步的干燥样品置于 50mL、2mol/L 的 $HNO_3$ 溶液中并在室温下放置 24h，然后将悬浮液离心 10min，用去离子水将澄清溶液补足至 100mL，测定重金属元素，随后将残留物在 60℃下干燥。

　测定与硅键合的重金属含量：将前一步的干燥样品置于含有 10mL 浓 HF 和 1mL 浓 HCl 的溶液中，在 50℃ 的水浴中加热 2h，然后将悬浮液离心 10min，用去离子水将澄清溶液补足至 50mL，测定重金属元素含量。

　采用差值法计算每一步骤残渣的质量。

# 2.5　氧载体的制备

　本研究中，将铁精矿、铜精矿以及镍精矿按不同质量配比混合（100/0/0、90/5/5、80/10/10、70/15/15、60/20/20、50/25/25、40/30/30、30/35/35、20/40/40、10/45/45、0/50/50），分别标记为 Fe100-Cu0-Ni0 （＃1）、Fe90-Cu5-Ni5 （＃2）、Fe80-Cu10-Ni10 （＃3）、Fe70-Cu15-Ni15 （＃4）、Fe60-Cu20-Ni20 （＃5）、Fe50-Cu25-Ni25 （＃6）、Fe40-Cu30-Ni30 （＃7）、Fe30-Cu35-Ni35 （＃8）、Fe20-Cu40-Ni40 （＃9）、Fe10-Cu45-Ni45 （＃10）、Fe0-

Cu50-Ni50（♯11），黏结剂选择常见的建筑水泥，水泥中主要物质包括 $Al_2O_3$，$CaO$ 以及 $SiO_2$。将按质量称量的精矿装入玻璃烧杯中，加入 10%（质量分数）的水泥作为黏结剂，随后加入一定量的去离子水，使物料混合形成浆体，在强磁力搅拌器作用下连续搅拌 48h，以确保物料粉末混合均匀。48h 之后，将完成搅拌的浆体放入 110℃ 的干燥箱中干燥 48h 进行脱水硬化。将硬化成块状的混合物在研钵中研磨到一定粒度后，将制备粉末放入空气气氛下 550℃ 的马弗炉中焙烧 3h，随后在 950℃ 继续焙烧 8h，使氧载体中的碳酸盐充分分解，氧携带量达到最大化。最终，将焙烧好的样品在室内降温、破碎、研磨至粒度小于 74μm，装袋以备使用。

# 2.6 催化热解实验过程

## 2.6.1 氧载体的热反应特性

为了优化三种矿石的配比，本研究采用德国耐驰热重分析仪（Netzsch STA 449）考察三金属氧载体的热失重特性。每次实验大约称取（15±0.01）mg 样品放到坩埚中，随着反应温度的升高，热重分析仪对样品进行连续称重，进而获得反应过程中样品的失重量变化。反应系统以氮气作为载气（50mL/min），样品加热速率为 70℃/min，反应终温为 950℃。当温度升至 600℃ 时，以同等载气流量切换成合成气 [$H_2$（40%）＋$CO$（40%）＋$CH_4$（20%）]进行还原实验。

## 2.6.2 共热解实验

污泥与褐煤共热解反应装置由固定床反应器、螺旋给料机、电加热炉、气体供给系统、焦油收集系统、气体净化系统所组成。反应器总长 700mm，内径 40mm。反应过程中，载气流量由电磁流量计控制，整个反应系统采用硅碳棒进行加热，内部设有热电偶进行实时温度监测。通过加热至 350℃，使水蒸发形成蒸汽，通过蠕动泵把蒸汽给入反应器。$N_2$ 作为热解载气，当实验反应器被加热到预设温度 950℃ 时，20g 混合样品（污泥与褐煤质量比为 1:1）给入反应器内，混合原料中加入氧载体的量为混合样品质量的 40%（8g）。整个反应系统装设有外加热装置，以防热解挥发分在析出过程中冷凝堵塞管路。挥发分通过冷却系统（冰水）收集焦油产物，非冷凝气相产物经过干燥、过滤后采用集气袋进行收集，并采用配有 TCD 检测器和 FID 检测器的气相色谱仪进行检测。收集的焦油和管路中残留的焦油采用丙酮溶剂进行溶解，随后采用 $MgSO_4$ 对焦油、水和丙酮三者混合物进行干燥脱水，过滤后获得只含有焦油和丙酮的混合物，随后进行低温丙酮蒸馏，收集无水焦油并进行产率计算。在高温气相色谱仪（Agilent7890a）上采用模拟蒸馏法对不同实验过程所得的焦油样品进行分析。采用沸点法对热解焦油中各组分的馏分进行了分类，这种表征方法在石油工业中已经得到广泛应用。所有实验结果是三次平行实验的平均值。产物产率由式（2-1）～式（2-4）计算。

$$Y_{char} = \frac{W_{char} - W_0 \times A}{W_0 \times (1-A)} \times 100\%$$ (2-1)

$$Y_{tar} = \frac{W_{tar}}{W_0 \times (1-A)} \times 100\%$$ (2-2)

$$Y_{water} = \frac{W_{water}}{W_0 \times (1-A)} \times 100\%$$ (2-3)

$$Y_{gas} = \frac{W_{gas}}{W_0 \times (1-A)} \times 100\% = 1 - Y_{char} - Y_{tar} - Y_{water}$$ (2-4)

式中　$W_{char}$——半焦质量；

$W_0$——煤样/污泥质量；

$W_{tar}$——焦油质量；

$W_{water}$——热解水质量；

$W_{gas}$——气体质量；

$Y_{char}$——半焦产率；

$Y_{tar}$——焦油产率；

$Y_{water}$——水产率；

$Y_{gas}$——气体产率；

$A$——实验样品中的灰分含量（干燥基）。

## 2.7　氰化物吸附实验

采用间歇法进行常规氰化物吸附实验。首先，实验研究了 pH 值对不同脱水方式所获得的褐煤制备的半焦基活性炭吸附氰化物的影响。具体实验步骤：量取初始氰化物浓度 100mg/L 的溶液 500mL，同时称取上述制备的活性炭

2g，在 20℃下以 50r/min 的恒定搅拌速度进行不超过 75h 的吸附实验。实验过程中，采用 NaOH 和 HCl 溶液进行溶液的 pH 值调节，使其始终处在 5～11 的范围内。

由于 HCN 有毒，因此，在低 pH 值下，配置好溶液后立即将反应器密封，上述所有实验均在通风橱中进行。由于 pH 值对氰化物吸附有影响，因此所有实验分别在 7～8 和 10～11 的 pH 值范围内进行。采用密闭并配有温度控制和摇动特性的吸附容器研究活性炭对氰化物的吸附与初始氰化物浓度（100～460mg/L）的影响。具体而言，在上述预设 pH 范围内，采用不同条件下制备的 1.5g 活性炭对含有氰化物的 500mL 溶液进行吸附，测定溶液中氰化物脱除程度，以对比不同活性炭的吸附性能。通过对不同吸附时间条件下氰化物浓度测量，研究吸附时间对氰化物浓度的影响。每次用微量移液管取 5mL 样品并保存在小瓶中。以对二甲氨基苄基罗丹宁（其在丙酮中含量为 0.02%）为指示剂，用标准硝酸银溶液（0.001mol/L）滴定法测定氰化物平衡浓度。采用质量平衡式（2-5）计算了活性炭吸附氰化物的量 $q$（单位：mg/g）：

$$q = (C_0 - C) \times \frac{V}{W} \tag{2-5}$$

式中　$C_0$——初始氰化物浓度，mg/L；

　　　$C$——时间为 $t$ 时溶液中未吸附氰化物浓度，mg/L；

　　　$V$——溶液体积，L；

　　　$W$——所用干活性炭质量，g。

## 2.8　本章小结

本章介绍了实验样品的基本性质以及褐煤提质实验过程的基本操作参数。在此基础上，对提质产物表征方式和仪器参数进行了介绍。同时，对提质褐煤中的重金属逐级浸出实验方法以及催化热解实验过程进行了介绍。最后，对氰化物吸附实验以及脱除率计算方法进行了表述。

第 **3** 章

# 提质褐煤物化结构对比研究

## 3.1 N₂ 气氛下褐煤提质及样品表征

### 3.1.1 褐煤脱水热分析实验

图 3.1 为粒径＜1mm 的褐煤在热重分析仪上的质量变化曲线。由图 3.1 (a) 可知，在相同升温速率下，随着干燥温度的升高，煤样失重率逐渐增大。进一步分析发现，随着脱水温度升高，在 5℃/min 升温速率下，在相同脱水条件下煤样失重率最大。当脱水温度达到 100℃ 时，煤样的失重率分别为 27.75%、24.29%、22.64%、21.73%、19.88%、17.94%。这主要是由于褐煤脱除内在水分存在一个预热过程，在脱水初始阶段，加热炉产生的主要热量用来加热褐煤内在水分，而煤样本身吸收的热能较少，水分脱除量较小。升温速率较小时，产生的热能可以集聚从而快速将褐煤内部水分蒸发脱除，煤中内在水分吸热时间较长。徐志强等研究表明，在准稳态干燥阶段，热能主要用来汽化水分，产生压力梯度推动汽水混合物迁移，是褐煤脱水的主要过程。

由图 3.1 (b) 可知，对于初始含水率为 38.59% 的褐煤样品，不同升温速率下的失重速率在初始阶段迅速达到最大值，随后随着干燥温度的升高而逐渐减小。在煤颗粒快速升温初期，煤颗粒的温度迅速上升，煤颗粒表面水分快速蒸发。由于煤颗粒表面水分含量较低，水分从内部孔隙向表面的转移速率远低于煤颗粒表面的蒸发速率，因此内部水分扩散成为整个脱水反应的限速步骤，从而随着反应的进行，水分脱除速率降低。

具体而言，在升温速率 5～100℃/min 条件下，褐煤最大失重速率与升温

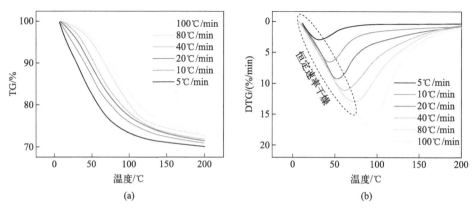

图 3.1　氮气气氛下升温速率 5～100℃/min 条件下煤样热重曲线
TG—热重量（表示当前温度/时间的样品质量与初始质量之比）；
DTG—热重微分（表示质量变化速度随温度/时间的变化）

速率呈负相关关系，对应的最大失重速率分别为 16.98%/min、12.92%/min、10.93%/min、9.14%/min、6.21%/min 以及 2.81%/min。进一步分析发现，在脱水反应初始阶段，褐煤中水分子脱除速率呈线性增大。这主要是由于褐煤中表面及大孔隙结构中水分子脱除几乎不受褐煤内部孔隙结构影响，上述类型褐煤中的水分蒸发速率只与单位颗粒接受的能量密度有关。

随着脱水温度升高，褐煤颗粒中水分脱除速率在达到最大值后逐渐降低。在此过程中，褐煤表面及大孔隙中结构水已完全脱除，颗粒温度沿颗粒半径向内呈梯度降低趋势，此时褐煤毛细管中水分被脱除。这说明在一定的干燥温度条件下，煤样颗粒温度梯度随着粒径增大而增大，使煤中水分含量随粒径的增大而增大，不同粒径的颗粒之间存在明显的水分含量梯度。总体而言，较高的干燥温度提高了褐煤样品的表面和内部颗粒温度，加快了褐煤表面水分的蒸发速率和褐煤颗粒内部水分向颗粒外表面的转移速率。随着温度的升高，不同升温速率下的褐煤脱水过程，都经历了加速干燥、减速干燥，最后趋于平衡三个阶段。

### 3.1.2　固定床脱水实验

图 3.2 所示为不同粒径煤样脱水时间、煤样质量对褐煤中水分含量的影响，其中脱水温度为 140℃。由图 3.2（a）可知，整体而言，在相同温度下干燥时，样品的残余水分含量随粒径的减小而减小，呈现明显的梯度变化规律。在不同温度下，对于相同粒径范围内的颗粒，水分含量随反应时间的延长而降低。

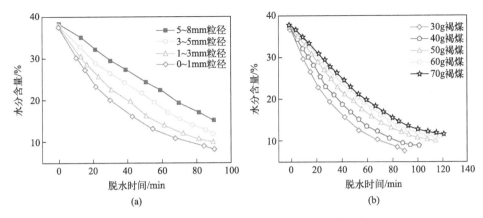

图 3.2 褐煤的脱水时间对干燥煤样中水分影响

具体而言，粒径在 0～1mm 范围内的煤样水分蒸发速率最快，在反应结束后，煤样中的水分含量仅为 7%。而粒径在 5～8mm 范围内的煤样中水分含量最大，达到 16%。这表明煤样粒度是影响水分蒸发的关键因素之一。结合图 3.1 （a）分析可知，虽然煤样中水分脱除速率受粒度、升温速率影响，但当煤样失重率达到 15.03%～21.21% 时煤样中临界水分含量在 17.56%～23.47%，说明煤样中临界含水率与煤样水分、内部孔隙结构密切相关。

脱水速率与褐煤质量有关。相同条件下，质量越小，脱水速率越快。由图 3.2 （b）可知，脱水温度为 140℃，当褐煤质量为 30g 时，准稳态干燥阶段水分含量约为 9.36%，质量为 40g 时约为 9.75%，质量为 50g 时约为 10.91%，质量为 60g 时约为 11.59%，质量为 70g 时约为 12.44%。这主要是由于煤样质量越小，物料厚度越小，水分迁移的阻力也越小，并且在相同热量输出条件下，单位时间内脱除的水量相同，质量越小内部所含水分质量相应越小，水分降低较快。实际上，通过外部加热可直接作用到褐煤内部水分子，当能量累积到一定强度时，水分迅速汽化。水分子由液态转化为气态，由于褐煤外层水分汽化后迁移到褐煤外部所受的沿程阻力较小，较易脱除。由于初始煤样质量较大，煤层厚度较大，褐煤中心水分汽化后在迁移脱除的过程中所受孔隙结构及颗粒间的沿程阻力较大，气体滞留在孔隙及颗粒间，形成由内向外的压力梯度，推动气液两相混合物向外迁移涌出，这是褐煤脱水的主要过程。因此，物料厚度越大，水分迁移的阻力也越大，达到平衡水分所需时间也越长。

### 3.1.3 提质煤样碳氧键分布

在褐煤脱水提质过程中，由于含氧官能团受热分解，因此提质煤样中氧与碳之间的关联形式发生变化。采用 XPS 检测方法并结合 Gauss-Lorentz 拟合方程对不同干燥时间条件下的提质煤样 C1s 谱图进行分析，图 3.3 为原煤和脱水煤样的 XPS 分峰拟合结果。

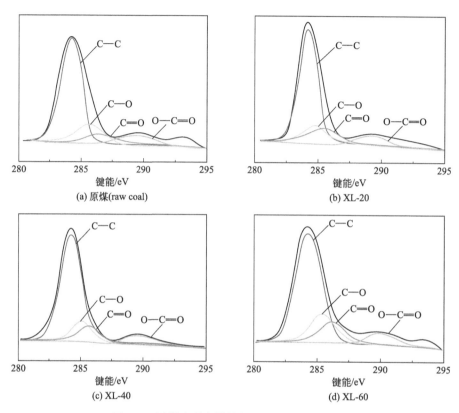

图 3.3　原煤和脱水煤样的 XPS 分峰拟合结果

注：XL-$n$ 代表脱水 $n$ min 煤样。

由图 3.3 可以看出，碳在煤表面结构中存在四种形态。在 284.2eV 出现的峰，归属于芳香环单元及其相应的取代烷烃（C—C、C—H），286.2eV 出现的峰归属于酚碳或醚碳（C—O），286.5eV 出现的峰归属于羰基（C＝O），289.5eV 出现的峰归属于羧基（O＝C—O）。样品的 XPS 分析见表 3.1。分峰结果说明，不同干燥时间条件下的煤样中的 C 原子的存在状态基本相同，只是各基团在不同组分中的数量不同，这表明干燥时间的不同影响的只是煤中毛细管的内在水分。因此，随着干燥强度增大，实验样品中的水分含量降低，但在 140℃ 干燥温度下，对于褐煤中存在的分子水分含量影响较小。

表 3.1 为原煤及脱水煤样的 XPS C1s 谱分峰定量结果。由表 3.1 可知，随着褐煤脱水时间的延长，煤表面的碳碳骨架（C—C）相对含量逐渐降低，由

原煤中的 110.48% 降低至干燥 60min 时的 95.39%，变化幅度较小。进一步分析发现，含氧官能团的含量下降，其中 C—O 键相对含量由原煤的 18.43%，随着干燥时间的延长，分别降低至 16.3%、14.77% 以及 13.12%，而羰基（C═O）键相对含量降低至 8.32%、5.41%、2.78%，羧基（—COOH）含量也出现降低的变化趋势。在低温脱水过程中，煤表面含氧官能团相对含量呈逐渐降低趋势，本书内容与相关研究结果一致。这主要是由于原煤中羰基的含量虽然远低于酚羟基，但仍占有一定比例。与其他含氧官能团相比，甲氧基的含量几乎可以忽略不计。

表 3.1 原煤及脱水煤样的 XPS C1s 谱分峰定量结果

| 化学键 | 键能/eV | 摩尔分数/% | | | |
|---|---|---|---|---|---|
| | | 原煤 | 脱水 20min | 脱水 40min | 脱水 60min |
| C—C | 284.1～284.3 | 110.48 | 102.63 | 99.26 | 95.39 |
| C—O | 284.8～285.6 | 18.43 | 16.3 | 14.77 | 13.12 |
| C═O | 286.2～286.7 | 9.79 | 8.32 | 5.41 | 2.78 |
| O═C—O | 289.1～290.4 | 5.54 | 5.23 | 4.23 | 3.47 |

在干燥过程中，不同脱水煤样和原煤中含氧官能团的含量顺序相同，即酚羟基>羰基>羧基>甲氧基。由于甲氧基和羧基的键能较弱，在反应过程中首先发生分解；随着脱水温度的继续升高，低温下较为稳定的羰基在保温时间的延长条件下也发生分解。在整个反应过程中，酚羟基相对含量变化较低。总体而言，只要干燥温度达到含氧官能团的分解温度，含氧官能团的含量均随干燥时间的延长而显著降低，从而降低了煤样中羟基的含量。

### 3.1.4 提质煤样孔隙结构

图 3.4 所示为原煤和干燥煤样的孔隙结构变化。图 3.4（a）为原煤与干燥煤样的等温氮吸附和脱附曲线。在低相对压力下吸附曲线缓慢增长，而在相对压力较高时曲线则快速增长，这说明在低相对压力下发生的主要是微孔堵塞，高相对压力时主要发生的是多层吸附和毛细凝聚，即表明原煤中既有微孔也有中孔和较大的孔。进一步分析发现，随着干燥时间的延长，煤样的氮吸附量有所降低，干燥时间越长，氮吸附量越小。这表明改性后煤样的孔隙结构有所坍塌，其孔隙发达程度小于原煤样。

结合图 3.4（b）可知，随着脱水时间的延长，煤样中水分含量逐渐降低，比表面积也随之降低。结合表 3.2 和图 3.4（c）分析可知，随着干燥时间延长，原煤的比表面积由 $4.96m^2/g$ 降低至 $0.97m^2/g$。这主要是由于原煤中包含有大孔和中孔，脱水后孔径分布范围有所降低，大孔向中孔和微孔方向发展。与原煤相比，改性后煤样的表面积降低了，微孔结构变得更为发达。脱水后孔容积有所降低，这验证了大孔和介孔中的水主要以水分子或水团簇的形式吸附在孔隙表面，在脱水过程中引起的孔隙结构变化导致煤样中含水率变化。水分子除了受热量影响之外，干燥过程中的大孔和介孔的表面积和体积对煤样中的含水率影响也较大。

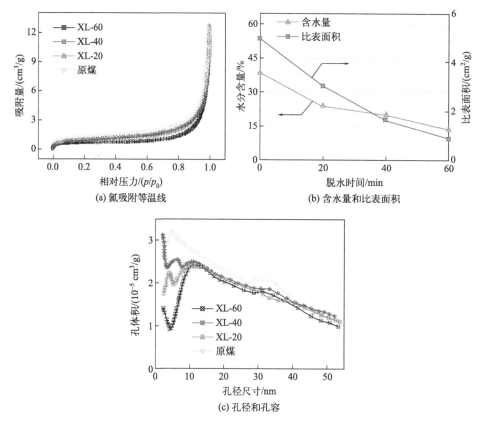

(a) 氮吸附等温线

(b) 含水量和比表面积

(c) 孔径和孔容

图 3.4　原煤和粒径为 1~3mm 脱水煤样在不同脱水时间表征结果

表 3.2　原煤及脱水煤样的孔结构参数

| 样品 | 比表面积/(m²/g) | 总孔体积/(cm³/g) | 平均孔径/nm |
|---|---|---|---|
| 原煤 | 4.96 | 0.0248 | 17.55 |
| XL-20 | 3.22 | 0.0146 | 14.38 |
| XL-40 | 1.76 | 0.0119 | 12.63 |
| XL-60 | 0.97 | 0.0104 | 11.82 |

换言之，干燥温度和保温时间对含氧官能团的断裂脱除具有重要影响。褐煤中的含氧官能团数量和干燥时间决定了在反应过程中含氧官能团的脱除程度。褐煤中含氧官能团的稳定性由含氧分子内部的键能决定，含氧基团之间或含氧基团与其他基团之间只有通过足够高的温度才能克服相互之间的作用力（见图3.3和表3.1）。

### 3.1.5　提质煤样氧含量分布

　　图3.5所示为原煤与脱水煤样氧元素含量变化。由图3.5可知，随着脱水时间的延长，煤样中氧含量逐渐降低。当干燥时间为20min时，原煤中氧含量由31.29％降低至15.37％，降低了一半左右。这说明在干燥过程中褐煤内部毛细管水分脱除的同时，含氧官能团也发生分解。

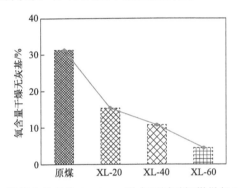

图3.5　原煤和粒径为1～3mm脱水不同时间煤样氧元素含量

　　随着脱水时间延长至40min、60min，煤样中的氧含量分别降低至10.65％、4.47％。这主要是由于随着干燥的继续，物料表面水分不断降低。当水分降至某一固定数值时，颗粒内部扩散的水分少于表面蒸发的水分，物料表面开始变得干燥，干燥表面向煤颗粒内部移动。吸收的热量一部分用于干燥，一部分使物料升温，此时干燥进入降速阶段，直至干燥过程完成。在这个过程中干燥煤样中氧含量明显降低。

　　有研究表明，在褐煤中羧基氧含量占总氧含量的5.5％左右，羟基含量占总氧含量的1/8～1/4，羰基氧含量也可高达2.5％～4％。上述含氧官能团在脱水过程中，随着时间的延长也会发生分解释放。

　　图3.6为原煤与脱水煤样SEM-EDS某区域面扫描元素分布图。图3.6（a）～（d）为此区域的氧元素分布面图，图中亮度越大表明该元素的浓度越高。由图3.6（a）可知，原煤颗粒所在区域O含量较高。这主要是由于褐煤原煤在进行脱水之前，褐煤中氧含量较高，因此面扫描过程中氧元素丰度值较

大。随着脱水时间的延长，煤样中水分脱除，羧基、羟基等含氧官能团发生分解。进一步分析图 3.6 (b) ～ (d) 可以看出，随着脱水时间的延长，脱水煤样面扫描元素分布图显示氧元素丰度进一步降低。当干燥时间达到 60min 时，脱水煤样的面扫描显示氧元素丰度很弱，这与图 3.5 中显示的氧元素含量仅为 4.47% 的趋势相一致。

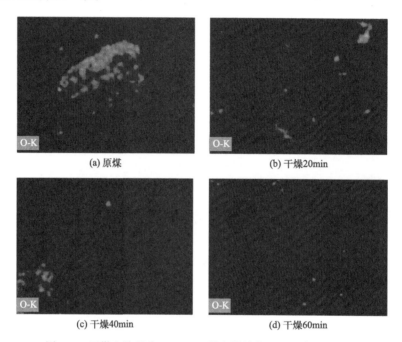

图 3.6　原煤和粒径为 1～3mm 脱水煤样表面氧元素含量分布

### 3.1.6　提质煤样表面官能团分布

波数 3650～3200cm$^{-1}$ 范围内的吸收峰归属于—OH（游离）和—OH（缔合）中氢氧键的伸缩振动，可用来判断有无醇类、酚类有机酸。在 2935～2844cm$^{-1}$ 范围内的吸收峰归属于—CH$_2$ 的对称伸缩和反对称伸缩两种；在 1677cm$^{-1}$ 处的吸收峰归属于—C$\equiv$O 的伸缩振动，是判断羧基（酮类、酸类、酯类、酸酐等）的特征频率；在 1608cm$^{-1}$ 处的吸收峰归属于芳香环中的 C$\equiv$C 或解释为苯环的骨架振动。在 1377cm$^{-1}$ 处的吸收峰归属于—CH$_3$ 的对称变形，该峰很少受到取代基的影响。在 1082cm$^{-1}$ 和 1257cm$^{-1}$ 处的吸收峰分别归属于 C—O—C 和 C—O 的伸缩振动。

图 3.7 为原煤和干燥煤样的傅里叶变换红外光谱图。由图 3.7 可以看出，

在 3650~3200cm$^{-1}$ 出现的—OH 峰的强度随着脱水时间的延长而降低。煤样 XL-20、XL-40、XL-60 谱线在 1608cm$^{-1}$ 处的吸收峰强度要低于原煤谱线，这可能是由于随着脱水时间的延长，归属于芳香环中的 C=C 或解释为苯环的骨架振动中的碳原子随着反应时间的延长而发生变化。通过对比图 3.7 中原煤与脱水煤样红外光谱，可以看出随着脱水时间的延长，羧基浓度降低。这表明煤样在脱水时，脱水时间的延长对羧基的分解起到了促进作用，使煤样在较长干燥时间下，变质程度增大。

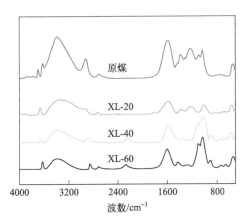

图 3.7　原煤和处理的煤样 FTIR 光谱图

当脱水时间达到 60min 时，煤样中的羧基几乎完全分解。1057cm$^{-1}$ 处的吸收峰在 XL-60 煤样中 C—O 键是最强的，这是因为在 20~40min 干燥时间范围内，随着水分的脱除，煤中酚、醇、醚、酯中碳氧键浓度增加，而以上碳氧键一般在温度高于 200℃时才发生分解反应，因此煤中酚、醇、醚、酯中碳氧键浓度之和最大，进而导致 C—O 键峰强度增大。而温度超过 150℃，一直到 250℃时，C—O 键浓度是减小的，这是因为在该温度区间，由于水分脱除，部分 C—O 键受热断裂分解。而本研究中选择的干燥温度为 140℃，因此未出现上述变化情况。

## 3.2　不同溶剂对提质褐煤物化结构的影响

### 3.2.1　不同溶剂对褐煤中水脱除率的影响

表 3.3 为对于原煤以及四氢化萘、二者混合物以及水处理的煤样的基本性

质分析。由表 3.3 可知，原煤中水分及氧含量分别为 24.34%、31.29%。采用有机溶剂四氢化萘对原煤样进行脱水时，提质煤样中水分含量明显降低，脱水效果显著。随着脱水温度升高至 300℃，脱水率由 76.66% 升高至 86.48%。同时，煤样中氧含量也降低至 24.70%。同时固定碳含量与煤中碳含量也都呈现增大趋势，这主要是由于褐煤中毛细管及表面水被脱除，导致上述基础参数增大。需要强调的是，与 250℃ 对应的提质煤样氢含量 5.55% 相比，四氢化萘提质煤样的氢含量在 300℃ 时出现降低趋势，仅为 5.21%。这说明过高的提质温度会引起煤样发生分解反应，导致煤样结构中的脂肪侧链发生断裂，分解形成气体产物。上述情况在挥发分产率的变化趋势中也得到验证。

表 3.3 不同实验条件下提质褐煤的基础性质

| 样品 | 工业分析/% (wt) | | | | 元素分析/% (wt) | | | | |
| --- | --- | --- | --- | --- | --- | --- | --- | --- | --- |
| | $M_{ad}$ | $A_d$ | $V_{daf}$ | $FC_{daf}$ | $C_{daf}$ | $H_{daf}$ | $N_{daf}$ | $S_{daf}$ | $O^*$ |
| 原煤 | 24.34 | 10.73 | 65.21 | 34.79 | 61.95 | 4.97 | 1.28 | 0.51 | 31.29 |
| XLT-150 | 5.68 | 11.25 | 63.48 | 36.52 | 62.88 | 5.33 | 1.29 | 0.54 | 29.96 |
| XLT-200 | 5.15 | 11.54 | 61.09 | 38.91 | 64.15 | 5.46 | 1.32 | 0.55 | 28.52 |
| XLT-250 | 4.23 | 11.86 | 59.55 | 40.45 | 65.79 | 5.55 | 1.33 | 0.55 | 26.78 |
| XLT-300 | 3.29 | 12.28 | 57.41 | 42.59 | 68.21 | 5.21 | 1.32 | 0.56 | 24.7 |
| XLW-150 | 5.95 | 11.74 | 64.57 | 35.43 | 62.25 | 5.41 | 1.28 | 0.53 | 30.53 |
| XLW-200 | 5.43 | 11.88 | 62.73 | 37.27 | 64.46 | 5.58 | 1.31 | 0.52 | 28.13 |
| XLW-250 | 4.78 | 11.95 | 60.83 | 39.17 | 66.82 | 5.79 | 1.33 | 0.54 | 25.52 |
| XLW-300 | 4.08 | 12.37 | 58.96 | 41.04 | 67.81 | 5.19 | 1.34 | 0.55 | 25.11 |
| XLTW-150 | 5.78 | 11.33 | 63.86 | 36.14 | 62.49 | 5.46 | 1.27 | 0.53 | 30.25 |
| XLTW-200 | 5.33 | 11.49 | 62.55 | 37.45 | 64.86 | 5.61 | 1.32 | 0.54 | 27.67 |
| XLTW-250 | 4.36 | 11.79 | 61.71 | 38.29 | 66.96 | 5.69 | 1.31 | 0.56 | 25.48 |
| XLTW-300 | 3.54 | 12.48 | 58.46 | 41.54 | 68.27 | 5.09 | 1.35 | 0.57 | 24.72 |

注：XLTW 代表使用水、四氢化萘的混合溶液进行脱水提质。

采用水进行褐煤提质时，提质煤样中水分含量逐渐降低，脱水率也是逐渐增大。当脱水温度达到 300℃ 时，脱水率达到 83.23%。但与采用四氢化萘对褐煤提质相比，采用水进行褐煤提质时，煤样脱水率略低于采用四氢化萘所获得的提质褐煤。这主要是由于随着脱水温度升高，在相同脱水温度下，反应器的腔体内四氢化萘饱和蒸气压小于水处理褐煤时产生的饱和蒸气压。根据克拉珀龙方程可知，腔体内煤样浸泡在四氢化萘中的温度高于水中煤样温度。这也导致采用水处理的煤样脱水率低于四氢化萘处理的煤样。

实际上，四氢化萘与水最大的区别是，前者是有机化合物，后者是无机物。因此，在褐煤脱水过程中，煤样在两种液体中所处环境存在巨大差异。随着脱水温度升高，在四氢化萘溶液中的煤样发生软化、溶解和解聚反应。煤样中的部分腐殖酸物质溶解到四氢化萘溶液中，导致煤样中的挥发分产率降低。

由于在采用四氢化萘对褐煤进行脱水时，实际上水分脱除后与四氢化萘形成新的混合溶液，因此有必要研究水与四氢化萘混合溶液对褐煤脱水的效果。由表 3.3 可知，四氢化萘和水混合溶液处理的煤样在相同处理温度下对应的煤样脱水率，处于水和四氢化萘处理煤样的脱水率之间。随着煤样中水分脱除，混合溶液中水分含量增大，混合溶液中四氢化萘所占含量减小，促使煤样脱水率呈降低趋势。另外，在反应过程中，煤样中灰分含量变化较小，这主要是由于灰分是煤中的内在矿物质，无论是对于水还是对于四氢化萘，可溶性灰分溶解到溶液中的含量都可忽略不计，对于煤样中矿物质赋存形态、含量及矿物质种类几乎没有影响。

图 3.8 为不同方式处理的煤样的 H/C 和 O/C。由图 3.8 和表 3.3 可知，四氢化萘、水以及二者混合溶液处理煤样的元素分析差别较小。原煤的 H/C 和 O/C 比分别为 0.96 和 0.38。当脱水温度为 150～250℃时，提质煤样的 H/C 比大于原煤，但当提质温度达到 300℃时，提质煤样的 H/C 比均呈现降低趋势。这表明随着提质温度升高至 300℃，煤样中的含氢结构发生断裂分解，形成气体或液体产物。进一步分析发现，四氢化萘处理的煤样的 H/C 比明显较低，小于水处理的煤样，二者混合溶液处理的煤样比值最大。并没有像预想的那样，即水处理的煤样 H/C 比最大，混合溶液处理的煤样的比值处于中间位置。

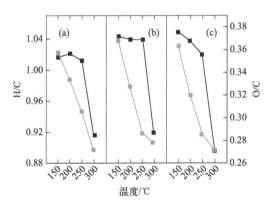

图 3.8　不同实验条件下煤样的 H/C 和 O/C
(a) 四氢化萘；(b) 水；(c) 二者混合溶液

这主要是由于水和四氢化萘混合，在较高温度下，四氢化萘发生分解，导致四氢化萘萃取提质作用发生弱化。需要注意的是，在300℃时，H/C比值迅速降低，这表明较高的处理温度导致脂肪烃以及含有亚甲基的官能团发生断裂。另外，随着处理温度增大，O/C比值逐渐降低，这主要是由于煤样结构中的C—O以及羧基、芳香烃结构中的脂肪侧链、醚键发生断裂分解。总体而言，无论采用四氢化萘还是水，对褐煤中水分和氧的脱除都起到了促进作用，有效提升了褐煤品质。

### 3.2.2 提质褐煤含碳官能团化学位移

表3.4为NMR图谱中含碳官能团的化学位移归属。图3.9为不同实验条件下获得的提质煤样的$^{13}C$ NMR谱图。图3.9的谱图主要反映了提质煤样的官能团结构变化，实际上不同溶剂处理的煤样结构差异明显。由图3.9（a）可知，与原煤相比，随着处理温度升高，质子化芳香碳在图谱中的强度经历了较小的变化。这说明在采用四氢化萘处理煤样时，四氢化萘中的氢离子主要在溶液中，煤样化学结构中并没有因此获得更多的氢离子，而使其带正电，使它具备更强的亲电性。这主要是由于质子化和去质子化会发生在大多数酸碱反应中，是大多数酸碱反应理论的核心，而采用四氢化萘溶液进行褐煤提质，主要是溶解和萃取的过程。变化最明显的是，随着处理温度升高，位于谱图中化学位移120~135的峰强度逐渐增强，这是由于煤样中的含氧官能团被脱除，导致这个峰强度增大以及提质煤样中的芳香碳含量增大。这说明芳香类的碳随着处理温度的升高，含量逐渐增加。谱图中化学位移0~50范围，归属于methylene（—CH$_2$）和methyl（—CH$_3$），对比图3.9（a）、（b）以及（c）可知，无论采用何种溶剂，随着处理温度升高，煤样中的methylene（—CH$_2$）和methyl（—CH$_3$）强度降低，且采用四氢化萘溶液处理的煤样methylene（—CH$_2$）和methyl（—CH$_3$）降低得更为明显。这主要是由于采用四氢化萘溶液处理煤样时，在相同温度下，煤样中的长链和侧链终端的methylene（—CH$_2$）和methyl（—CH$_3$）断裂分解程度更加完全。

此外，在化学位移185~220范围内，不论是原煤还是处理煤样，煤样中羰基或羧基中的碳在谱图中的振动强度变化并不明显。对比图3.9（b）、（c）可知，用水以及水与四氢化萘混合溶液处理煤样时，在化学位移0~50范围内，methyl（—CH$_3$）中的碳强度随着处理温度升高而逐渐增大，而methylene（—CH$_2$）中的碳变化趋势则相反——随着处理温度升高而逐渐降低。这主要是由于随着处理温度升高，褐煤中的氧被脱除，导致煤样中的methyl

（—CH₃）中的碳相对强度增大，而此时处理煤样中的 methylene（—CH₂）在较高处理温度下发生分解而脱除。相似的研究认为，methyl（—CH₃）脱除反应是褐煤提质过程中发生物理化学变化的主要反应。

表 3.4　$^{13}$C 核磁共振谱中不同化学位移范围的官能团归属

| 范围 | 化学位移 | 官能团 |
| --- | --- | --- |
| 1 | 185～220 | C=O, HC=O |
| 2 | 165～185 | COO, COOH |
| 3 | 135～165 | C—O, C—OH |
| 4 | 120～135 | CH, C |
| 5 | 90～120 | CH |
| 6 | 60～90 | CHOH, CH₂OH, CH₂—O |
| 7 | 50～60 | CH₃O—, CH—NH |
| 8 | 25～50 | CH₂ |
| 9 | 0～25 | CH₃ |

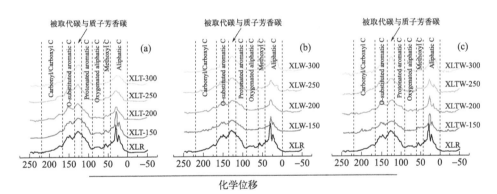

图 3.9　不同实验条件下提质煤样的 $^{13}$C NMR 谱图
（a）四氢化萘；（b）水；（c）二者混合溶液

另外，四氢化萘溶液处理煤样在化学位移 25～50 处，methylene（—CH₂）中的碳在谱图中的强度随着脱水温度升高而逐渐降低，这与图 3.9（b）、（c）中展现出的趋势相反，这说明由于四氢化萘的存在，在褐煤脱水提质过程中，煤样中的长链脂肪烃中存在的亚甲基结构会发生脱除、断裂以及分解反应。

表 3.5 为原煤和不同条件下处理煤样的核磁共振谱线中各个官能团相对强度分布。由表 3.5 可知，在化学位移 0～50 范围内，与原煤相比，随着煤样处理温度升高，图谱中的脂肪碳相对强度逐渐降低，其中处理温度达到 300℃时，四氢化萘、水以及二者混合溶液处理煤样脂肪碳相对强度分别降低了 17%、14% 以

及 11％。这主要是由于在较高处理温度下，煤样中水分被脱除，氧含量降低，煤样发生羧基和羰基的脱除反应，使提质煤样的煤化程度增大。

表 3.5　原煤和不同条件下提质褐煤的核磁共振谱线中各个官能团相对强度分布

| 样品 | 羰基/羧基碳 | 取代氧的芳香碳 | 被取代的碳与质子芳香碳 | 质子芳香碳 | 氧化脂肪碳 | 氧基碳 | 脂肪碳 |
| --- | --- | --- | --- | --- | --- | --- | --- |
| | 化学位移：165～220 | 化学位移：135～165 | 化学位移：120～135 | 化学位移：90～120 | 化学位移：60～90 | 化学位移：50～60 | 化学位移：0～50 |
| 原煤 | 1.00 | 1.00 | 1.00 | 1.00 | 1.00 | 1.00 | 1.00 |
| XLT-150 | 0.98 | 0.98 | 1.02 | 0.99 | 0.98 | 0.97 | 0.98 |
| XLT-200 | 0.95 | 0.68 | 1.02 | 1.00 | 0.94 | 0.95 | 0.94 |
| XLT-250 | 0.91 | 0.64 | 1.08 | 0.89 | 0.89 | 0.94 | 0.90 |
| XLT-300 | 0.82 | 0.59 | 1.17 | 0.99 | 0.79 | 0.92 | 0.83 |
| XLW-150 | 0.99 | 0.99 | 0.99 | 1.00 | 0.99 | 0.87 | 0.95 |
| XLW-200 | 0.98 | 0.79 | 0.99 | 1.00 | 0.97 | 0.85 | 0.93 |
| XLW-250 | 0.95 | 0.71 | 1.07 | 1.00 | 0.94 | 0.81 | 0.92 |
| XLW-300 | 0.89 | 0.69 | 1.11 | 1.00 | 0.88 | 0.77 | 0.86 |
| XLTW-150 | 0.97 | 0.99 | 0.99 | 0.99 | 0.99 | 0.96 | 0.97 |
| XLTW-200 | 0.96 | 0.72 | 0.98 | 0.99 | 0.95 | 0.94 | 0.95 |
| XLTW-250 | 0.93 | 0.66 | 1.02 | 0.98 | 0.91 | 0.89 | 0.92 |
| XLTW-300 | 0.87 | 0.61 | 1.07 | 1.00 | 0.83 | 0.85 | 0.89 |

此外，甲氧基、被氧化的脂肪碳相对强度都有所降低，进一步表明随着处理温度升高，煤样结构中的氧被脱除。需要强调的是，水处理的煤样中甲氧基相对强度降低得更为明显，这说明水环境对于煤样中甲氧基的脱除作用更为明显，而采用四氢化萘或水和二者混合溶液处理煤样的甲氧基相对强度高于水处理煤样。这主要是由于在褐煤提质过程中，四氢化萘的存在对于褐煤提质、提高煤阶具有重要作用，且对于褐煤的脱水提质能力高于水。在化学位移 60～90 范围内，氧化脂肪碳相对强度逐渐降低，且有四氢化萘存在的溶液中氧化脂肪碳相对强度降低得更为明显。这主要是由于随着处理温度的升高，煤样中的羟基和醚键发生断裂分解。另外，化学位移 90～120 以及 120～135 范围内的质子化的芳香碳以及碳取代的芳香碳在处理温度低于 200℃时，相对强度经历了较小的变化。随着处理温度升高至 300℃，质子化的芳香碳相对强度略有降低，而碳取代的芳香碳相对强度分别增大了 15％、11％、9％。这表明在处理过程中，煤样中芳香结构中的氧被脱除，部分碳取代的芳香碳被检测出来。在化学位移 135～165 以及 165～220 范围内，氧取代的芳香碳以及羧基、羰基相对强度展

现出降低的变化；当处理温度低于 150℃时，羧基、羰基以及氧取代的芳香碳相对强度降低幅度较小，这说明原煤中部分芳香碳中存在含氧官能团，在采用较低的温度处理煤样时，煤样脱除水分处于起始阶段。

随着处理温度的升高，羧基和羰基发生分解反应，且氧取代的芳香碳的含量大幅度降低。当处理温度达到 300℃时，氧取代的芳香碳相对强度分别为 0.59、0.69、0.61。这说明对于原煤中原来被氧取代的芳香碳，随着处理温度的升高，部分氧被脱除，处理煤样中的氧含量降低，无氧的芳香碳结构相对强度逐渐增大。

### 3.2.3 提质煤样官能团分布

由于四氢化萘、水及其混合溶液处理的煤样结构存在明显差异，因此，为了更好地研究提质褐煤结构受实验条件的影响，本节重点讨论实验温度、不同溶液对提质褐煤结构中官能团分布特性影响。

图 3.10 所示为四氢化萘、水以及二者混合溶液对提质褐煤中官能团影响。在波数 3650～3200cm$^{-1}$ 范围内的吸收峰归属于—OH（游离）和—OH（缔合）中氢氧键的伸缩振动，可用来判断有无醇类、酚类有机酸。在 2960～2844cm$^{-1}$ 范围内的吸收峰归属于—CH$_X$ 的对称伸缩和反对称伸缩两种。在 1693cm$^{-1}$ 处的吸收峰归属于—C≡O 的伸缩振动，是判断羰基（酮类、酸类、酯类、酸酐等）的特征频率。在 1608cm$^{-1}$ 处的吸收峰归属于芳香环中的 C≡C 或解释为苯环的骨架振动。在 1377cm$^{-1}$ 处的吸收峰归属于—CH$_3$ 的对称变形，该峰很少受到取代基的影响。在 1085cm$^{-1}$ 和 1257cm$^{-1}$ 处的吸收峰分别归属于 C—O—C 和 C—O 的伸缩振动。在 794cm$^{-1}$ 处的吸收峰归属于 3 个相邻 H 原子被取代的苯环中 CH 的面外变形振动及矿物质峰的重叠。

对比图 3.10（a）、（b）以及（c）可知，与原煤相比，提质煤样在光谱 3420cm$^{-1}$ 处的羟基吸收峰随着处理温度的逐渐升高而变弱。这表明随着处理温度的升高，煤样中毛细管内水分被脱除，煤样大分子结构中含氧官能团发生断裂分解。在光谱 2950cm$^{-1}$ 处的—CH$_X$ 伸缩振动强弱变化并不一致，而在光谱 1370cm$^{-1}$ 处的脂肪侧链中的—CH$_3$、—CH$_2$ 峰强度随着处理温度的升高而逐渐降低，这主要是由于随着温度的升高，煤中水分和氧含量降低以及煤中脂肪烃结构中的脂肪侧链断裂分解。在光谱 1693cm$^{-1}$ 处归属于羧基（—COOH）的吸收峰振动强度逐渐减弱，这反映了在脱水提质过程中，煤结构中的羧基等含氧官能团发生分解。

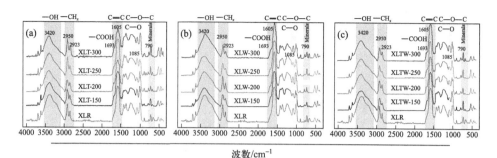

图 3.10　不同实验条件下提质煤样的 FTIR 谱图

(a) 四氢化萘；(b) 水；(c) 二者混合溶液

在图 3.10 (b)、(c) 中，在光谱 $1605cm^{-1}$ 处归属于碳碳双键（C=C）的吸收峰振动强度随着处理温度升高而逐渐增强，这说明由于煤中水分和氧元素的脱除以及煤中芳香结构中的脂肪侧链的断裂，芳香环上的碳碳双键（C=C）振动强度增大。而在相同温度下，四氢化萘处理煤样的红外光谱中在光谱 $1605cm^{-1}$ 处归属于碳碳双键的吸收峰振动强度则随着处理温度升高而逐渐减弱，这主要是由于在四氢化萘溶液中，在较高处理温度下，煤样发生溶胀和溶解软化反应，部分碳碳双键结构溶解到四氢化萘溶液中。

此外，通过对比发现，在 300℃，四氢化萘溶剂处理煤样的碳碳双键（C=C）振动强度峰尖且较宽，而有水存在的溶液处理的煤样的振动峰也较尖，但较窄。这也间接说明四氢化萘溶剂对于大分子结构中部分键能较低的含有碳碳双键的结构具有溶解作用，而水对这一反应影响较弱。这也从侧面反映出由于溶剂中有水分的存在，本质上减弱了煤中有机大分子结构的溶解反应。这说明脱水温度，特别是整个反应溶剂中有机溶剂的含量，对于煤样提质和煤样中化学官能团浓度具有较为明显的影响。在光谱 $1085cm^{-1}$ 处归属于 C—O 的吸收峰振动强度随着处理温度升高呈现出逐渐增强的变化趋势，理论上应该是随着处理温度的升高而逐渐减弱，但实际并未发生这种情况。这可能是由于脱水率的增加导致矿物质峰与 C—O 峰叠加，进而引起峰强度增加。在实际的褐煤脱水提质过程中，C—O 键随着处理温度的升高而逐渐断裂，这有助于降低提质煤样在随后的热转化过程中对于氢气的消耗。另外，通过对比发现，归属于矿物质的吸收峰随着处理温度升高而逐渐增强，这主要是由于提质煤样中水分含量降低，煤样中灰分含量相对增加，图中矿物质的吸收峰归属于碳酸盐以及硅酸盐等。本研究通过对各煤样进行红外定量分析，获取结构参数以深入研究煤有机组分变化规律。将谱图分为 4 个波段：羟基吸收峰段（3800～$3150cm^{-1}$）、芳烃及脂肪烃吸收峰段（3150～$2700cm^{-1}$）、含氧官能团吸收峰

段（2000～1000cm⁻¹）及芳香烃 H 取代吸收段（900～700cm⁻¹），采用文献
[14]～[16]的方法对各段红外谱峰进行分峰拟合处理。以 XLT-300 煤样的
谱图处理为例，示于图 3.11，相关的参数计算结果如表 3.6 所示。

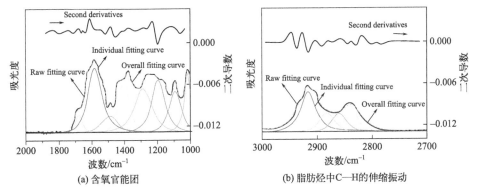

(a) 含氧官能团　　　　　　　　　(b) 脂肪烃中C—H的伸缩振动

图 3.11　处理的煤样（XLT-300）的红外光谱曲线拟合
Second derivatives—二次导数；Raw fitting curve—原始拟合曲线；
Individual fitting curve—个体拟合曲线；Overall fitting curve—总体拟合曲线

表 3.6　原煤和不同溶液处理的煤样的红外结构参数

| 样品① | $f_a$ | $H_{ar}$/% | $H_{al}$/% | $H_{ar}/H_{al}$ | $C_{al}$/% | $C_{ar}$/% | $H_{ar}/C_{ar}$ |
|---|---|---|---|---|---|---|---|
| 原煤 | 0.91 | 4.59 | 0.82 | 5.60 | 0.45 | 61.43 | 0.0747 |
| XLT-150 | 0.91 | 4.61 | 0.87 | 5.30 | 0.46 | 62.52 | 0.0737 |
| XLT-200 | 0.93 | 4.64 | 0.71 | 6.54 | 0.52 | 63.77 | 0.0728 |
| XLT-250 | 0.96 | 4.69 | 0.66 | 7.11 | 0.74 | 65.12 | 0.0720 |
| XLT-300 | 0.95 | 3.27 | 0.43 | 7.60 | 0.79 | 66.99 | 0.0488 |
| XLW-150 | 0.91 | 4.62 | 0.83 | 5.57 | 0.47 | 61.74 | 0.0748 |
| XLW-200 | 0.93 | 4.67 | 0.74 | 6.31 | 0.56 | 63.89 | 0.0731 |
| XLW-250 | 0.94 | 4.74 | 0.68 | 6.97 | 0.79 | 66.01 | 0.0718 |
| XLW-300 | 0.95 | 3.41 | 0.54 | 6.31 | 0.84 | 68.02 | 0.0501 |
| XLTW-150 | 0.91 | 4.61 | 0.85 | 5.42 | 0.46 | 62.11 | 0.0742 |
| XLTW-200 | 0.92 | 4.66 | 0.74 | 6.30 | 0.54 | 64.23 | 0.0726 |
| XLTW-250 | 0.92 | 4.70 | 0.68 | 6.91 | 0.77 | 67.09 | 0.0701 |
| XLTW-300 | 0.93 | 3.34 | 0.46 | 7.26 | 0.81 | 68.11 | 0.0490 |

　① 表 3.6 第 1 行第 2 项开始，含义依次为芳香度、芳香氢浓度、脂肪氢浓度、芳香氢与脂肪氢浓
度比（脂芳氢比）、芳香碳浓度、脂肪碳浓度、芳香氢与脂肪碳浓度比。

总体而言，不同溶剂处理的煤样随着脱水温度升高，煤样的芳香度 $f_a$ 呈现增大的变化趋势，但在处理温度高于 250℃ 时，四氢化萘处理煤样的芳香度 $f_a$ 降低。这主要是由于在以四氢化萘溶剂处理煤样时，较低的处理温度条件下甲氧基和羧基断裂分解，褐煤中氢键作用变弱，缔合作用遭到破坏。随着处理温度的继续升高（低于 250℃）发生的，主要是含氧官能团分解反应的继续和氢转移反应。在四氢化萘溶剂环境下，一些稳定脂肪醚键继续断裂。这相当于处理煤样中含氧官能团含量降低，相应的芳香碳含量增大，进而导致芳香度 $f_a$ 增大。当热解温度大于 250℃ 时，在四氢化萘溶剂环境中，煤样中碳碳双键发生缓慢的分解反应，最终导致芳香度 $f_a$ 降低。

与此同时，处理煤样的芳香氢、脂肪氢相对含量变化趋势与芳香度 $f_a$ 类似。脂肪碳（$C_{al}$）和芳香碳（$C_{ar}$）相对含量随着处理温度升高逐渐增大。这说明在四氢化萘溶剂环境下，处理过程中主要产生的改变有煤中弱化学键连接的结构、含氧官能团相对含量以及褐煤芳香侧链结构，尤其是其中的富氧官能团。在热处理过程中，煤与水、有机溶剂的交互作用，使得煤中的含氧官能团发生水解，导致煤有机质中的脂肪链、桥键和芳香结构发生一些变化。与之形成对比的是，水及混合溶液处理的煤样芳香度 $f_a$ 随着处理温度升高而逐渐增大，这说明 300℃ 处理温度下有四氢化萘存在时，煤样表面官能团与有机溶剂发生分解反应，使煤结构中的非共价交联键发生解离，导致四氢化萘溶液处理的煤样的芳香度 $f_a$ 降低。

但由于有水的存在，褐煤中大分子层间堆积结构中含氧官能团的水解和小分子的解离在水热处理过程中产生中小分子量的自由基。在水热反应过程中，利用水与褐煤相互作用，增加来自水的含氢自由基，稳定中等分子量的自由基数量，阻止自由基在水热过程中发生二次裂解和交联。这也进一步说明，水热处理过程中，芳香碳比例增加，芳香环缩合加剧。这说明煤样在高温水热处理改性过程中提高了煤的煤化程度，使煤的化学结构更加有序。虽然在水热处理过程中煤分子之间的缔合作用发生了一定的破坏，其中一些热稳定性稍差的含氧官能团分解，但这也使得处理后褐煤中的含氧官能团热稳定性更高。因此，在水热过程中，煤样的芳香度 $f_a$ 与处理温度呈正相关关系。结构参数的选择（根据朗伯比尔定律，按各官能团吸光度系数相同处理）：脂肪富氢程度为 A3000-2800/A1600；脂肪结构参数为 A2920/（A2860＋A2950）；脂芳氢比（$H_{al}/H_{ar}$）：A3000-2800/A3044。根据拟合计算得出的各煤样红外结构参数示于图 3.12。

脂肪富氢程度用来表征脂肪烃的含量及其生烃潜力。由图 3.12（a）可以看出，四氢化萘处理煤样的富氢程度高于水热处理煤样，而混合溶液处理煤样的富氢程度处于二者之间。这说明四氢化萘处理煤样过程中对脂肪富氢程度影响较小，而水热处理煤样对于褐煤富氢程度影响最大。这可能是因为使用四氢化萘处理煤样相较于水热处理的过程对于脂肪烃侧链上的含氢基团（—$CH_3$、—$CH_2$）的脱落的影响小。刘鹏等通过研究发现，水中的氢在自由基和离子效应的协同作用下与褐煤有机质交换并在其结构中转移，促使煤有机质中的脂肪链发生断裂分解，在这个过程中，桥键和芳烃结构也会发生一些变化。He 等研究发现，在有机溶剂处理煤样过程中，当处理温度低于溶剂沸点时，自由基浓度的降低是因为煤中溶解自由基之间发生耦合反应，而随着处理温度的升高，自由基浓度的增加则是由溶剂对煤中弱化学键的裂解所致。这说明在较高处理温度下，虽然煤样结构中的部分化学键发生断裂分解，但由于在有机溶剂的环境中发生自由基耦合反应，因此与水热处理的煤样相比，四氢化萘处理煤样的富氢结构相对含量略有升高。进一步分析发现，随着处理温度升高，不论在何种溶剂中处理的煤样，富氢结构相对含量都呈降低的变化趋势。这说明，处理温度对于煤样结构中，特别是芳香结构上的 $CH_2$ 和 $CH_3$ 脱落具有决定性作用。

此外，由图 3.12（b）可以看出，与原煤相比，随着处理温度的升高，四氢化萘处理煤样的芳香氢与脂肪氢比逐渐增大，而水热处理煤样的芳香氢与脂肪氢比在 250℃时达到最大，随后随着处理温度升高而呈降低的变化趋势。这可能是由于随着处理温度升高，水热处理煤样过程中伴随煤中的大分子结构的断裂，实际上发生的是芳香碳（$C_{ar}$）受热分解，芳香度 $f_a$ 下降，进而导致芳香氢与脂肪氢浓度比值（$H_{ar}/H_{al}$）在水热处理煤样中随着处理温度升高呈现先增大后降低的变化趋势。

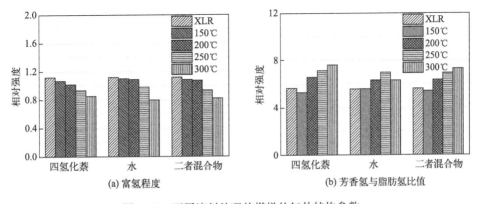

(a) 富氢程度                (b) 芳香氢与脂肪氢比值

图 3.12　不同溶剂处理的煤样的红外结构参数

### 3.2.4　提质煤样表面化学键分布

采用 XPS 研究了原煤和处理温度为 250℃条件下四氢化萘、水以及二者混合溶液处理煤样的表面化学键信息，峰拟合结果如图 3.13 和表 3.7 所示。煤样表面的 C—C、C—O、C=O 以及 O=C—O 化学键对应的键能如表 3.7 所示。由表 3.7 可以看出，在原煤的表面 C—C 含量最大，采用四氢化萘处理煤样的 C—C 强度有所降低，随后是经过混合溶液处理以及水处理的煤样。而且，C—O、C=O 以及 O=C—O 在所有煤样中都可以检测到，但其中分布强度差别较大。其中，C—O 分布强度明显高于 C=O 和 O=C—O，这说明原煤中的 O 主要与碳原子以单键的形式结合。进一步分析发现，四氢化萘处理煤样中 C—O、C=O 以及 O=C—O 强度普遍低于其他两种处理的煤样，在有四氢化萘存在的条件下，混合溶液处理煤样的 C—O、C=O 以及 O=C—O 强度略微低于水处理的煤样。这可能是由于在反应过程中，四氢化萘的存在使煤样与有机溶剂发生反应，导致煤样中存在的醚键和羰基发生分解。

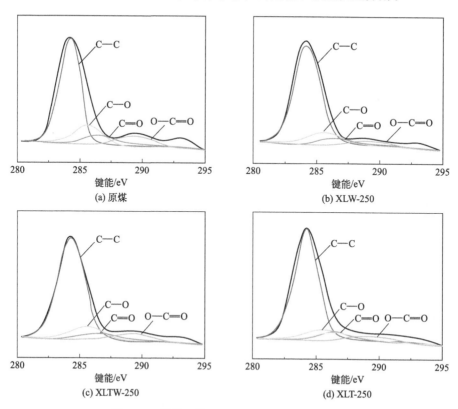

图 3.13　褐煤原煤及改质煤样表面碳结构分析

表 3.7　原煤和处理煤样中 C1s 的 XPS 定量结果分析

| 化学键 | 键能/eV | 摩尔分数/% | | | |
|---|---|---|---|---|---|
| | | 原煤 | XLW-250 | XLTW-250 | XLT-250 |
| C—C | 284.1~284.3 | 110.48 | 99.83 | 94.13 | 90.74 |
| C—O | 284.8~285.6 | 18.43 | 15.48 | 12.69 | 9.45 |
| C=O | 286.2~286.7 | 9.79 | 7.89 | 6.14 | 3.87 |
| O=C—O | 289.1~290.4 | 5.54 | 4.80 | 2.47 | 1.08 |

此外,处理煤样中的 C—O 和 C=O 强度降低可能是由于酚羟基、环状醚(如呋喃树脂)和与芳香环相连的环状醚的缩合。虽然有四氢化萘的存在,但由表 3.7 可以看出,四氢化萘溶剂处理的煤样表面仍有 C—O 和 C=O 的存在,这说明褐煤含氧结构在四氢化萘溶剂中的热解行为能促进相对稳定的含氧基团、芳基芳醚和亚甲基结构的裂解,这也是煤在高温液化过程中转化率提高的主要原因。

## 3.2.5　提质煤样表面形貌分析

为了掌握四氢化萘、水以及二者混合物处理的煤样表面结构的变化规律,选择具有代表性的样品进行表征。图 3.14 为原煤和提质煤样的表面 SEM 图片。正如图 3.14 所示,原煤表面较为光滑,但表面也分布有一些圆柱形的孔洞,而且表面堆积了一些不规则的小碎块。由图 3.14 (a) 可以看出,对比新鲜的原煤,采用水处理的煤样表面出现鳞片状结构,表面堆积的小颗粒和圆柱形孔洞数量减少。这主要是由于在水热处理过程中,水分在煤颗粒中释放,导致煤中的孔结构收缩、坍塌,进而导致处理的煤样表面粗糙度增大。

与原煤、XLW-250 和 XLTW-250 的样品相比,四氢化萘处理煤样表面层状和不规则孔洞结构更加明显,这可能是由于在水分脱除过程中,除了孔结构的收缩和坍塌以外,孔壁趋于变薄。此外,在反应温度为 250℃ 时,褐煤在四氢化萘溶剂中进行脱水提质,在反应过程中,煤样发生溶胀,导致褐煤中的醚键断裂。而且,褐煤的溶胀效应会导致煤基质的物理松散,并使溶剂有效地扩散到褐煤孔洞中。因此,处理过的褐煤孔隙内界面实际是四氢化萘溶剂与固相的两相接触面,可以促进四氢化萘与褐煤的化学反应,使之产生更多小颗粒。

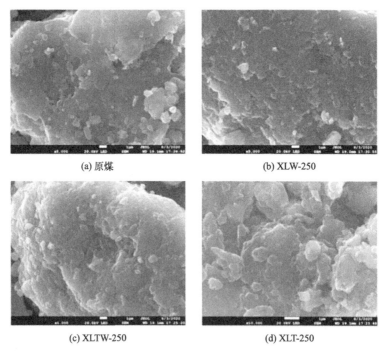

|           |            |
|-----------|------------|
| (a) 原煤  | (b) XLW-250 |
| (c) XLTW-250 | (d) XLT-250 |

图 3.14　原煤和处理煤样的表面结构对比分析

## 3.3　气体产物

图 3.15 所示为四氢化萘、水以及二者混合溶液在不同温度条件下处理煤样过程中的气体产物组成。由图 3.15 可知，在褐煤脱水提质过程中，主要气体产物有 $CO_2$、$CH_4$ 以及 CO，但采用不同溶剂处理的煤样生成的气体产物存在差异。在这个过程中，部分气体产物未检测出来，本研究中忽略不计。三种气体产物产率随着处理温度的升高而逐渐增大，其中 $CO_2$ 产率最大，$CH_4$ 次之，CO 产率最低。

一般而言，在脱水过程中 $CO_2$ 主要来自褐煤中羧基的脱除，以及其他一些脱氧反应产生的 $CO_2$。另外，处理温度达到 300℃ 时，$CO_2$ 产率明显增大，这主要是由于在高温下煤中部分有机物溶解到溶剂过程中发生二次分解，生成 $CO_2$ 等气体产物。与 $CO_2$ 相比，CO 和 $CH_4$ 产率展示出很低的值，这两种气体主要来源于羰基和脂肪烃侧链的分解。这也从侧面反映出，随着处理温度升高，煤样中的氧脱除率增大，这也为随后热转化过程，特别是燃烧、热解、液

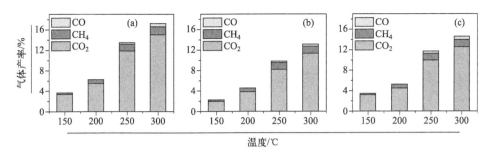

图 3.15　褐煤提质过程中气体产物组成
(a) 四氢化萘；(b) 水；(c) 二者的混合溶液

化过程中热量的损失和供氢溶剂消耗量的降低起到积极作用。此外，在提质过程中，也产生微量的 CO 和 $CH_4$，这也证实了采用有机溶剂脱水对于煤样的大分子结构影响是可以忽略不计的。对比图 3.15 (a)、(b) 和 (c) 可知，水处理煤样产生的气体产物率最低，混合溶液处理的煤样次之。这可能是由于四氢化萘的存在使煤样发生溶胀，破坏了煤中的内在大分子结构，促使大分子结构中的键能和非键能（范德瓦耳斯力）发生改变，导致在相同温度下，四氢化萘条件下处理煤样过程中生成的气体产物增多。

## 3.4　本章小结

本章主要研究了 $N_2$ 气氛和不同溶剂对提质褐煤及其物化结构的影响。通过采用热重分析仪和固定床反应器研究了升温速率和脱水时间对干燥煤样中水分的影响。在此基础上，采用 XPS、比表面积分析仪、元素分析仪、SEM 以及傅里叶红外光谱分析仪对提质褐煤中的煤样表面 C 元素的存在形态、孔隙结构、氧元素含量以及脱水时间对表面官能团的影响进行了探讨。本章还研究了采用四氢化萘、水以及二者混合溶液对褐煤组成及结构的影响，通过采用 [13]C NMR、FTIR、XPS 以及 SEM 分别对比研究了官能团分布、煤样的表面化学键信息、表面结构特征。在此基础上，对提质过程中释放的气体产物分布规律进行研究。得出如下结论：

① 由于煤颗粒表面水分含量较低，煤颗粒表面的蒸发速率远高于水分从内部向表面的转移速率，内部水分扩散速度是整个脱水反应的限速步骤。较高的干燥温度提高了褐煤样品的表面和内部颗粒温度，提高了褐煤表面水分的蒸发速率和褐煤颗粒内部水分向颗粒外表面的转移速率。

② 不同干燥时间条件下煤样中的 C 原子的存在状态基本相同，只是各基

团在不同组分中的数量不同，干燥时间不同影响的只是煤中毛细管内在水分。随着褐煤脱水时间的延长，煤表面的碳碳骨架（C—C）相对含量逐渐降低。褐煤表面含氧官能团含量降低，导致亲水位点减少，可以束缚住的水分减少。羟基和羧基为褐煤中强吸水性的活性含氧官能团，在脱水过程中发生分解，使其向稳定的醚基转变，煤样中羟基的含量降低。改性后煤样的孔隙结构有所坍塌，其孔隙发达程度小于原煤样。

③ 四氢化萘提质煤样中水分含量明显降低，脱水效果显著。过高的提质温度会引起煤样发生分解反应，导致煤样结构中的脂肪侧链发生断裂分解，形成气体产物。四氢化萘中的氢离子主要在溶液中，煤样化学结构中并没有因此获得更多的氢离子，而使其带正电，使它具备更强的亲电性。四氢化萘提质煤样中的长链脂肪烃中存在的亚甲基结构发生脱除、断裂以及分解反应。水环境对于煤样中甲氧基的脱除作用更为明显。

④ 随着处理温度的升高，煤样大分子结构中含氧官能团发生断裂分解，导致芳香环上的碳碳双键（C=C）振动强度增大。四氢化萘溶剂对于大分子结构中部分键能较低的含有碳碳双键的结构具有溶解作用，而水对这一结构的影响较弱。溶剂中有水分的存在，减弱了煤中有机大分子结构的溶解反应。C—O 键随着处理温度的升高而逐渐断裂，有助于降低提质煤样在随后的热转化过程中对于 $H_2$ 的消耗。

⑤ 四氢化萘处理煤样中 C—O、C=O 以及 O=C—O 强度普遍低于其他两种方式处理的煤样。褐煤含氧结构在四氢化萘溶剂中的热解行为能促进相对稳定的含氧基团、芳基芳醚和亚甲基结构的裂解。该煤样与原煤、XLW-250 和 XLTW-250 的样品相比，由于在水分脱除过程中，除了孔结构的收缩和坍塌以外，孔壁也趋于变薄，因此，四氢化萘处理煤样表面层状和不规则孔洞结构更加明显。三种气体产物产率随着处理温度的升高而逐渐增大，其中 $CO_2$ 产率最大，$CH_4$ 次之，CO 产率最低。

第<big>4</big>章

# 提质褐煤中重金属分布规律研究

## 4.1 处理的煤样分析

  褐煤具有煤化程度低，挥发性物质产率高，气化反应活性高，硫、氮以及重金属含量低等特点。相关研究结果表明，褐煤在一定的温度和压力下，通过催化作用可以经加氢裂解生成液态烃类化合物，在液化过程中，褐煤中的氧、氮、硫被脱除。但是，高含水率降低了褐煤的液化效率和经济性。需要特别强调的是，在液化反应过程中，褐煤首先经过脱水、热解，随后才发生液化反应，那么在整个反应过程中，容器内液体组成也在随时发生变化，其中反应器内溶液可大致分为四氢化萘、水以及二者的混合溶液。

  因此，本章模拟反应过程中溶液组成对褐煤脱水过程中重金属析出的变化规律。表 3.3 为原煤以及经四氢化萘、水以及二者混合溶液处理的煤样的基本性质分析。由表 3.3 可知，原煤中水分及氧含量分别为 24.34%、31.29%。采用有机溶剂四氢化萘对原煤样进行脱水时，提质煤样中水分含量明显降低，效果非常明显。随着脱水温度升高至 300℃，脱水率由 76.66% 升高至 86.48%。同时，煤样中氧含量也降低至 24.70%。同时，固定碳含量与煤中碳含量也都呈现增大趋势，这主要是由于褐煤中毛细管及表面水被脱除，导致上述基础参数增大。需要强调的是，与 250℃ 对应的提质煤样氢含量 5.55% 相比，四氢化萘提质煤样的氢含量在 300℃ 时出现降低趋势，仅为 5.21%。这说明过高的提质温度会引起煤样发生分解反应，导致煤样结构中的脂肪侧链发生断裂分解，形成气体产物，上述情况在挥发分产率的变化趋势中也得到验证。采用水进行褐煤提质时，提质煤样中水分含量逐渐降低，脱水率逐渐增大。当脱水温度达到 300℃ 时，脱水率达到 83.23%。但与采用四氢化萘对褐煤提质相比，采用水进行褐煤提质的煤样脱水率略低。这主要是由于随着脱水温度升高，在相同脱水温度下，反应器的腔体内四氢化萘饱和蒸气压小于水处理褐煤时产生的饱和蒸气压。根据克拉珀龙方程可知，腔体内煤样浸泡在四氢化萘中的温度高于水中煤样温度。这也导致采用水处理的煤样脱水率低于四氢化萘处理的煤样。实际上，四氢化萘与水最大的区别是，前者是有机化合物，后者是无机物。因此，在褐煤脱水过程中，煤样在两种液体中所处环境存在巨大差异。随着脱水温度升高，在四氢化萘溶液中的煤样发生软化、溶解和解聚反应。

具体而言，煤与以共价交联键存在的聚合物网络在溶剂中发生溶胀反应。在反应过程中，溶胀反应从最弱的分子间相互作用开始，其中分散力对聚合物中的内聚力和溶解度的增大起主要作用。煤样大分子中芳香环间 π—π 键相互作用力是主要组成部分。虽然煤样中苯分子对之间的结合能很弱，但在多环芳烃中它们结合能很大。需要注意的是，煤样中杂原子的存在对分子之间偶极力大小和可能发生电荷转移的复合物形成有所影响。在低阶煤中，阳离子和有机基团之间存在相互作用，与其他相互作用力不同，这些相互作用涉及多个官能团，它们之间产生交联效应，影响褐煤的溶解度和溶胀率。由于在采用四氢化萘对褐煤进行脱水时，实际上水分脱除后与四氢化萘形成新的混合溶液。因此，有必要研究水与四氢化萘混合溶液对褐煤脱水效果。

由表 3.3 可知，四氢化萘和水混合溶液处理的煤样在相同处理温度下对应的煤样脱水率，处于水和四氢化萘处理煤样的脱水率之间。随着煤样中水分脱除，混合溶液中水分含量增大，混合溶液中四氢化萘所占含量减小，促使煤样脱水率呈降低趋势。另外，在反应过程中，煤样中灰分含量变化较小，这主要是由于灰分是煤中的内在矿物质，无论对于水还是对于四氢化萘，可溶性灰分溶解到溶液中的含量都可忽略不计，对煤样中矿物质赋存形态、含量及矿物质种类几乎没有影响。

# 4.2 提质褐煤中的重金属分布规律

## 4.2.1 提质褐煤的 XRD 表征

如图 4.1 所示，在 21.5°出现的衍射峰归属于石英（$SiO_2$），在 19.8°、26.4°以及 52.3°出现的衍射峰归属于高岭石 [$Al_4(OH)_8Si_4O_{10}$，铝硅酸盐]，在 31.4°、46.7°出现的衍射峰归属于白云母，即 $KAl_2[Si_3AlO_{10}](OH)_2$。由

图 4.1 可知，随着处理温度的升高，水热处理的煤样中矿物质或者化合物发生分解或溶解反应，这主要是由于在水热提质褐煤过程中，溶液 pH 值降低，呈弱酸性，引起煤样中的矿物质与溶液发生反应。有研究表明，在水热提质过程中，随着温度的升高，一些含铁矿物质发生分解，导致 33°～35°范围内的衍射峰出现降低的变化趋势。但在本研究中，并未出现上述的变化趋势，这主要是由于褐煤中的矿物质主要为石英、高岭石以及白云母，铁的含量非常低。

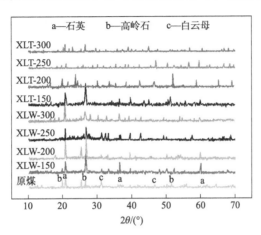

图 4.1　不同实验条件下提质煤样的 XRD 谱图

进一步分析发现，当采用四氢化萘溶剂对褐煤进行提质时，XRD 图谱中的衍射峰随着处理温度升高而逐渐降低，这主要是由于在采用四氢化萘处理褐煤过程中，部分有机质溶解于四氢化萘溶剂中，部分存在于煤基质中的矿物质随着处理温度升高，溶解到溶剂中的占比增大，因此各矿物质衍射峰随着处理温度升高而逐渐降低。

## 4.2.2　提质煤样中的重金属含量

通过采用逐级浸出的方法，研究了褐煤中重金属化合物存在形态。图 4.2 为原煤中不同化合态的重金属含量分布规律。由图 4.2 可知，原煤中含有 Hg、As、Cd 以及 Pb 四种重金属，但其存在形态及含量存在显著差异，煤样中含量分别为 0.1135mg/kg、15.78mg/kg、0.1219mg/kg 以及 1.9942mg/kg。其中，四种重金属存在形式以重金属硫化物为主，例如黄铁矿、砷黄铁矿等。Hg、As、Cd 以及 Pb 的金属硫化物含量分别为 0.0501mg/kg、10.842mg/kg、0.0843mg/kg 以及 1.4539mg/kg，所占比例分别达到 44.14%、68.71%、69.16% 以及 72.91%。其次是以碳酸盐类化合物为主，Hg、Cd 以及 Pb 比例分别达到 18.57%、17.31% 以及 18.77%，而 As 的比例相对较低，仅为 10.07%。与硅形成化学键而存在的重金属也被检测到，但含量与硫化物相比明显较低，分比为 0.0384mg/kg、3.183mg/kg、0.0121mg/kg 以及 0.153mg/kg，所占比例分别为 33.83%、20.17%、9.93% 以及 7.67%。对于与硅键合的重金属 Cd 和 Pb 而言，二者所占比例较低，这主要是由于在成煤过程中，Pb 和 Cd 都属于亲硫金属，与硫形成硫化物，这些重金属一般在高温条件下容易发生分解反应，进而使上述重金属发生挥发。

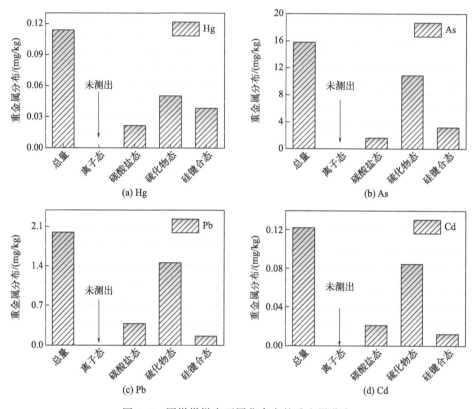

图 4.2　原煤煤样中不同化合态的重金属分布

Pb 属于易富集的有毒元素，我国煤中铅含量基本在 $3 \sim 60\mu g/g$ 之间。另外，煤中 Pb 的富集主要与岩浆热液作用有关。张军营等利用逐级化学提取法研究了煤中 Pb 的结合形态，其结果表明硫化物结合形态的 Pb 含量最高，然后依次是硅铝酸盐结合态以及有机质结合态，部分重金属在有机组分中也以缔合形式存在。此外需要注意的是，呈离子态的重金属在检测过程中并未发现，这说明在褐煤自然堆积过程中，上述四种重金属虽然存在于褐煤中，但常规自然条件下通过雨水淋溶形成的水体中重金属污染可能性较小。

需要说明的是，在 XRD 衍射图谱中，并未检测出硫化矿物的存在，这可能是由于黄铁矿等硫化矿物在褐煤中含量较低，在实际表征过程中没有检测出也属于正常现象。代世峰等通过采用地球化学和矿物学特征考察法对煤炭中的重金属进行研究发现，煤中的 Hg、As 等常规重金属元素主要以金属硫化物形式存在，特别是存在于黄铁矿中，这些重金属元素都是亲硫元素，这与本研究中采用的逐级浸出测定重金属化合物所获得的数据相一致。

由上可知，无论是水热处理还是四氢化萘处理的煤样中，均含有 Hg、As、Cd 以及 Pb 四种重金属。但随着处理温度的升高，提质煤样中的四种重金属含量呈现降低的变化趋势。由图 4.3（a）可知，原煤中 Hg 含量为 0.1135mg/kg，在水热脱水过程中，提质煤样中 Hg 含量由处理温度为 150℃时的 0.1039mg/kg 降低至 300℃时的 0.0549mg/kg；而采用四氢化萘处理的煤样中的 Hg 含量变化趋势与水热处理煤样中 Hg 含量的变化趋势相似，但 Hg 似乎脱除得更为彻底。当处理温度均为 300℃时，在 XLT-300 煤样中的 Hg 含量由 0.1135mg/kg 降低至 0.0335mg/kg。由于煤中汞的毒性作用不同，尤其是其具有在食物链中的生物蓄积性，因此在褐煤提质过程中 Hg 的迁移受到极大关注。

由图 4.4（a）可知，随着处理温度升高，煤样中的 Hg 脱除率逐渐增大。与原煤相比，当处理温度达到 300℃时，XLW-300 和 XLT-300 煤样中 Hg 的脱除率分别为 51.63% 和 70.48%，这说明水热处理和采用四氢化萘对于褐煤进行提质，除了能够脱除煤样中的水分之外，对于褐煤中含有的 Hg 也能够起到很好的脱除作用。相关研究表明，煤中的 Hg 是最易挥发的元素之一。煤中的 Hg 主要分布于黄铁矿中，其是以无机形式存在的 Hg，但在一些研究中也发现煤中存在与有机物伴生的 Hg。例如，基于使用乙酸铵、HCl、HF 和 $HNO_3$ 的选择性浸出技术，Palmer 等确定了 Hg、Se、U、Th、Sb 以及 Pb，这为证明上述重金属与有机物以缔合的形式存在提供了数据支撑。需要注意的是，在确定煤中汞的赋存方式的选择性浸出过程中，Hg 可溶于 $HNO_3$ 主要是由于煤中存在的 Hg 与黄铁矿缔合。煤中存在有机缔合的 Hg 在理论上是可能的，这主要是由于 $Hg^{2+}$ 对腐殖质有很强的亲和力，因此 Hg 有可能在泥炭和褐煤形成过程中就存在于煤基质中。

另一方面，煤中有机伴生的 Hg 也可能是在成煤堆积过程中由外部带入到煤基质中引起的，这主要是由于 Hg 蒸气在高温下可吸附于煤基质中。此外，$HNO_3$ 也可以将有机缔合的 Hg 氧化为 $Hg^{2+}$。有研究表明，温度高于 527℃时，主要形态为汞单质（$Hg^0$）。当反应温度低于 327℃时，Hg 以氯化物形式存在，都是极易挥发的。但在本研究中，通过采用水热以及四氢化萘对褐煤进

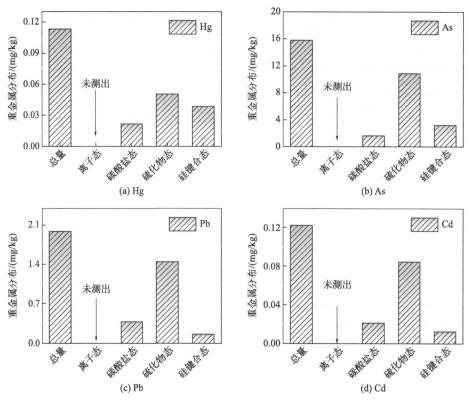

图 4.3　不同实验条件下提质煤样中重金属含量分布

行脱水提质,在开始时煤样中 Hg 就产生了挥发,温度是促使煤样中 Hg 发生挥发的重要因素,特别是采用四氢化萘处理煤样中 Hg 含量降低得更为明显。

由于砷对人类健康和环境具有很高的毒性,因此人们对砷在煤中的赋存方式进行了很多研究。由图 4.3(b)可知,随着处理温度升高,处理煤样中的 As 含量逐渐降低。与原煤相比,当处理温度为 150℃时,XLW-150 和 XLT-150 煤样中的 As 含量分别为 14.49mg/kg 和 14.11mg/kg。随着温度的逐渐升高,当达到 300℃时,XLW-300 和 XLT-300 煤样中的 As 含量分别为 13.31mg/kg 和 12.58mg/kg。与水热处理煤样相比,采用四氢化萘处理的煤样中 As 似乎脱除得更加彻底,这可能与四氢化萘是有机溶剂,在较高温度下存在于煤基质中的 As 溶解到四氢化萘溶液中有关。这主要是由于 As 主要与硫化铁矿物相关联,其中 As 主要以阴离子形式代替 S,在某些情况下也可以阳离子形式代替 Fe。而且 As 也与煤中有机物缔合有关。例如,采用 X 射线吸收精细结构分析(XAFS)、选择性浸出以及电子微探针分析技术,发现 As 主要存在于黄铁矿中,常与低阶煤的有机质缔合存在。因此,根据上述分析可知，采用四氢化萘对褐煤进行脱水提质，在反应过程中，褐煤中有机大分子与四氢化萘发生反应，部分含有 As 的有机质溶解到溶剂中形成溶质，导致提质褐煤中的 As 含量随着处理温度升高而逐渐降低。

图 4.3 （c）为水热以及四氢化萘处理煤样过程中重金属 Pb 在煤样中的变化规律。由图 4.3 （c）可知，与其他两种重金属相比，无论是采用水热还是四氢化萘处理，煤样中的 Pb 含量都是逐渐降低，但含量差距较小。例如，当处理温度为 150℃ 时，与原煤相比，XLW-150 和 XLT-150 煤样中 Pb 含量由 1.9942 分别降至 1.9861mg/kg 和 1.9834mg/kg。随着处理温度的继续升高，处理煤样中的 Pb 含量继续降低。当处理温度为 300℃ 时，XLW-300 和 XLT-300 煤样中的 Pb 含量分别降低至 1.9571mg/kg 和 1.9495mg/kg。

由上述分析可知，褐煤煤样提质过程中，煤样中的 Pb 虽然呈逐渐降低的变化趋势，但与 As 和 Hg 脱除量相比，Pb 的脱除量较低，这可能是由于与 As 和 Hg 在煤样中的赋存方式相比，Pb 脱除更难。黄铁矿是煤中众多有害微量元素的载体，煤中含有的黄铁矿导致煤中 Se、As、Hg、Pb 亲硫性元素富集。进一步研究发现，煤中的 Pb 通常与硫化矿物（方铅矿）赋存状态有关，且 Pb 也可能与某些含锌矿（闪锌矿）物质存在有关，存在于有机质中的非矿物质相的 Pb 含量很少，但部分硫化矿物可能与有机质以缔合的方式存在。因此，与水热处理褐煤相比，尽管采用四氢化萘对褐煤进行脱水提质，但 Pb 在 XLT-150～XLT-300 煤样中的含量与水热处理煤样中的 Pb 含量相比，二者相差不大。

图 4.3 （d）为水热以及四氢化萘处理煤样过程中重金属 Cd 在煤样中的变化规律。由图 4.3 （d）可知，原煤 XLR 中 Cd 含量为 0.1219mg/kg，随着处理温度升高，提质煤样中的 Cd 含量呈逐渐降低的变化趋势。与水热处理煤样相比，采用四氢化萘处理煤样中的 Cd 含量更低。例如，当处理温度为 150℃ 时，XLW-150 和 XLT-150 煤样中 Cd 含量分别为 0.1136mg/kg 和 0.1113mg/kg，此时两种煤样中的 Cd 含量相差较小，仅为 0.0023mg/kg，但随着处理温度的升高，煤样中 Cd 含量相差逐渐增大。当处理温度为 300℃ 时，XLW-300 和 XLT-300 煤样中 Cd 含量分别为 0.0866mg/kg 和 0.0687mg/kg，这可能与煤中 Cd 的赋存状态有关。

前已述及，褐煤中的重金属主要以硫化物态、碳酸盐态以及硅键合态形式存在，其中 Cd 以硫化物态为主，主要存在于黄铁矿中，在特低硫煤中，Cd 赋存状态与煤中有机质有关。例如，宋党育等研究发现，煤中有机结合态 Cd 元素的含量随煤化程度增加而降低，有机结合态的 Cd 在褐煤中含量较高，烟煤中含量降低，无烟煤中更低。因此，与水热处理的煤样相比，采用四氢化萘处理的煤样中重金属 Cd 的含量更低，可能是由于在提质反应过程中，褐煤中部分有机质溶解于四氢化萘溶剂中，导致褐煤中以非矿物质有机态存在的 Cd 溶解于四氢化萘中，使 XLT 系列煤样中 Cd 的含量略低于水热处理的煤样。图4.4 为不同实验条件下提质煤样中重金属的脱除率。由图 4.4（a）可知，随着处理温度升高，提质煤样中 Hg 的脱除率逐渐增大，且四氢化萘处理煤样中 Hg 的脱除率始终高于水热处理的煤样。例如，当处理温度为 200℃时，XLW-200 煤样 Hg 的脱除率为 23.52%，而 XLT-200 煤样 Hg 的脱除率为 30.22%。当处理温度由 200℃升高至 300℃时，上述两种煤样的脱除率升高至 51.63%和 70.48%。这反映出采用四氢化萘处理煤样过程中，煤样中部分有机质溶解于四氢化萘中，导致存在于煤中的有机 Hg，特别是以非矿物质形态赋存在煤中有机质或者孔隙水中的 Hg 被脱除。

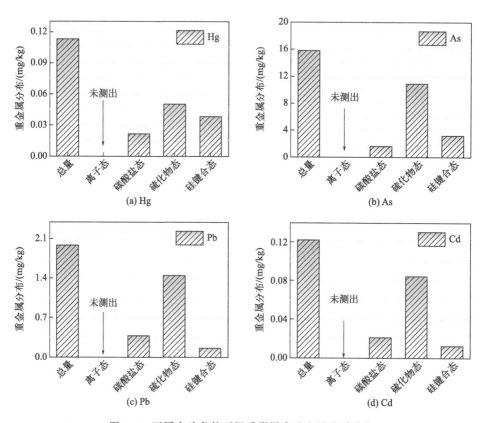

图 4.4　不同实验条件下提质煤样中重金属的脱除率

因此，两种处理煤样伴随着煤样中水分含量的逐渐降低，煤样中的 Hg 脱除率呈逐渐增大的变化趋势。由图 4.4（b）可知，煤样中 As 的脱除率随着处理温度升高而逐渐增大，但与 Hg 的脱除率相比，As 的脱除率明显更低。与原煤相比，当处理温度为 150℃ 时，XLW-150 和 XLT-150 煤样的 As 的脱除率为 8.17% 和 10.58%，即使当处理温度达到 300℃ 时，煤样的 As 的脱除率也仅为 20% 左右。虽然以前的许多研究已经证明，As 最初与铁的硫化物赋存状态有关。其中，As 主要以阴离子形式取代 S，或者以阳离子形式取代 Fe。煤中有机伴生 As 在总砷含量中所占比例存在明显差异，通常不均匀地分散在煤基质中，可能通过形成不溶性的氧桥金属有机络合物或以氧化态（砷酸盐）形式存在。这说明煤样中的绝大部分 As 都是以不溶性的氧桥金属有机络合物或以氧化态（砷酸盐）形式存在，在后面的研究中也证实了这一点。

由图 4.4（c）可知，与煤样中 Hg 和 As 的脱除率相比，Pb 的脱除率较低。当处理温度为 150℃ 时，XLW-150 和 XLT-150 煤样的 Pb 的脱除率分别为 0.41% 和 0.54%。随着处理温度升高，Pb 的脱除率虽然有所增大，但整体脱除率始终小于 3%。例如，当处理温度由 250℃ 升高至 300℃ 时，对于 XLW-250 煤样而言，Pb 的脱除率仅由 1.42% 升高至 1.86%。此外，采用四氢化萘处理的煤样的 Pb 的脱除率由 1.55% 升高至 2.44%，表明四氢化萘处理煤样过程中，在相同温度下，Pb 的脱除率略高于水热处理煤样。但与相同温度下 Hg 和 As 的脱除率相比，Pb 的脱除率明显较低。这主要是由于 Pb 也是一种亲硫元素，在煤中以多种方式赋存，可以独立成矿或作为方铅矿（PbS）赋存或以方铅矿显微包体、自然铅形式存在于硅酸盐矿物中，也可以作为磷酸盐和黏土矿物的伴生元素。Pb 的赋存方式取决于矿物颗粒的大小：矿物颗粒较大，则赋存在煤中裂隙里；如果矿物颗粒很小，则有可能嵌布在有机质中或者赋存在黄铁矿里。当煤中不存在方铅矿等含 Pb 硫化物时（Pb 含量<20μg/g），Pb 主要进入大分子结构和黏土矿物晶格中。由图 4.2（c）可知，原煤中的 Pb 主要以硫化物态存在，这说明虽然 Hg 和 As 的存在形式也是以硫化物态赋存方式为主，但赋存方式应有显著差异。这主要体现在与相同温度下 Hg 和 As 的脱除率相比，Pb 的脱除率明显较低。由图 4.4（d）可知，Cd 的脱除率与上述三种重金属脱除率随处理温度升高而逐渐增大的变化趋势一致。与原煤相比，当处理温度达到 300℃ 时，XLW-300 和 XLT-300 中 Cd 的脱除率分别达到 28.96% 和 43.64%。由上述分析可知，采用四氢化萘对褐煤进行脱水提质过程中，煤样中 Cd 的脱除率明显大于水热处理的煤样。褐煤中的 Cd 以硫化物态赋存为主，在反应过程中，部分有机质与四氢化萘发生反应，导致褐煤中的重金属 Cd 溶解于反应溶剂中。

为了更好地研究提质煤样中不同化合态的四种重金属含量变化规律，本研究深入分析了水热和四氢化萘处理煤样中不同化合态重金属的含量，不同类型重金属在处理煤样中的含量如图4.5和图4.6所示。由图4.5（a）可知，在水热处理煤样过程中，随着处理温度升高，煤样中的Hg含量逐渐降低。具体而言，无论是碳酸盐类、硫化物类还是与硅键合的Hg，这三种类型的重金属在反应过程中脱除率都逐渐增大。当处理温度为150℃时，硫化物类和碳酸盐类Hg含量变化较小，而与硅键合的Hg含量由0.0384mg/kg降低至0.0331mg/kg，温度由150℃上升到300℃过程中，脱除率由13.80％升高至69.53％〔见图4.7（a）〕。而随着处理温度升高至200℃，碳酸盐类、硫化物类以及与硅键合的Hg含量都出现降低的变化趋势，硫化物类Hg含量降低得最为明显，此时硫化物类Hg的脱除率为21.96％〔见图4.7（a）〕。当处理温度为300℃时，碳酸盐类、硫化物类以及与硅键合的Hg含量分别降低至0.0101mg/kg、0.0221mg/kg、0.0117mg/kg，此时上述三种类型的Hg的脱除率分别为52.09％、55.89％以及69.53％〔见图4.7（a）〕。这说明采用水热处理的煤样中，不同类型的Hg脱除能力存在差异。

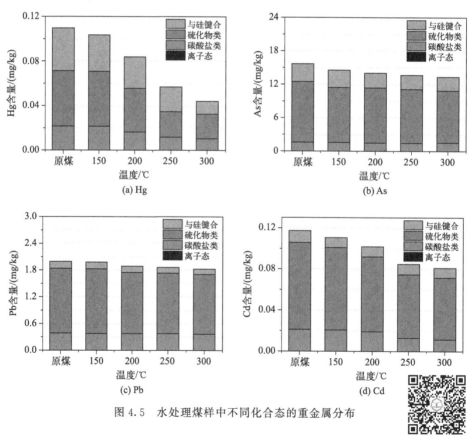

图4.5　水处理煤样中不同化合态的重金属分布

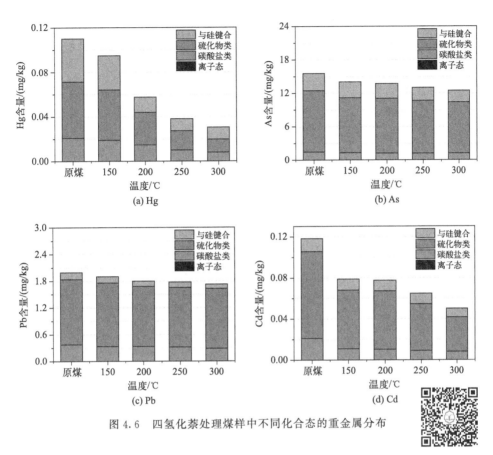

图 4.6 四氢化萘处理煤样中不同化合态的重金属分布

**扫码看彩图**

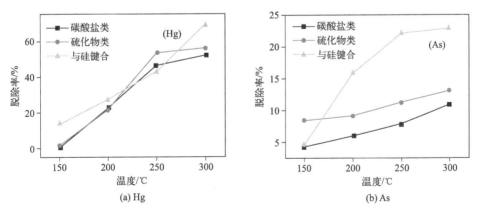

图 4.7

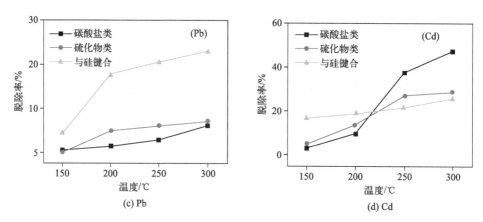

图 4.7　水热处理煤样中不同化合态的重金属脱除率随处理温度变化规律

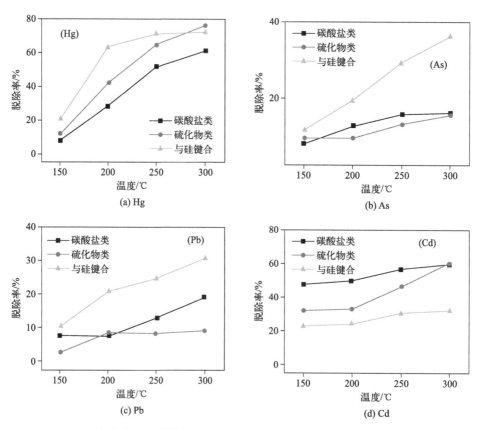

图 4.8　四氢化萘处理煤样中不同化合态的重金属脱除率随处理温度变化规律

由图 4.6（a）可知，采用四氢化萘处理煤样中的 Hg 含量变化趋势与采用水热处理的煤样中碳酸盐类、硫化物类以及与硅键合的 Hg 含量变化趋势非常相似，但需要说明的是，采用四氢化萘处理煤样中上述三种不同类型的 Hg 含量相对较低。特别是当处理温度由 250℃升高至 300℃时，处理煤样中的硫化物类以及与硅键合的 Hg 含量降低更为明显，此时碳酸盐类、硫化物类以及与硅键合的 Hg 的脱除率分别由 52.09％、65.27％以及 71.35％升高至 61.57％、76.45％、72.66％［见图 4.8（a）］。这说明当处理温度高于 250℃时，煤样中以非矿物质状态赋存有机质中的硫化物类以及与硅键合的 Hg 更多溶解到四氢化萘中，在褐煤的脱水提质过程中四氢化萘对于煤中的 Hg 具有脱除作用。

前已述及，随着处理温度升高，煤样中 As 的脱除率逐渐增大，使得煤样中 As 的含量逐渐降低。由图 4.5（b）可知，As 在处理煤样中的含量随着处理温度升高而降低，硫化物类以及碳酸盐类 As 含量变化幅度较小，主要是与硅键合的 As 随着处理温度升高含量而降低幅度较大。例如，原煤中 As 的含量为 3.183mg/kg，在处理温度由 150℃升高至 300℃时，水热处理煤样中 As 的含量由 3.0344 降低至 2.456mg/kg，此时与硅键合的 As 的脱除率由 4.67％升高至 22.84％［见图 4.7（b）］。虽然硫化物类以及碳酸盐类 As 脱除率不及与硅键合的 As 的脱除率，但当水热温度达到 300℃时，上述两种类型的脱除率也分别达到 13.05％和 10.89％［见图 4.7（b）］。以前的许多研究已经证明 As 主要与含硫的矿物（主要是黄铁矿）有关。以有机缔合形式存在的 As，通常以非均质方式分散在煤基质中，并可能通过形成不溶的以氧桥方式连接的金属有机配合物存于煤中。在本研究中，原煤中硫化物类以及与硅键合的 As 占比较高，分别达到 68.71％和 20.17％，而在水热处理过程中，硫化物类的 As 脱除率却低于与硅键合的 As 的脱除率，说明在实际水热反应过程中，与硅键合的 As 更容易在反应过程中溶解到水中，产生砷离子，而碳酸盐类以及硫化物类的 As 却难以溶于水中形成砷离子。

虽然通过对原煤中上述四种重金属含量的分布状态分析得出硫化物类的重金属在煤中占比最大，但实际硫化物类的重金属可能是以非矿物质形态赋存在有机质大分子空间结构中，是以有机体赋存形式存在的。代世峰研究认为，煤中的矿物质主要可分为晶体矿物、非晶体类矿物以及以非矿物形态存在的矿物质元素，特别是在低阶煤中确定的大多数元素均具有不同程度的有机缔合。因此，本研究中褐煤中的硫化物类 As 可能大部分是以非矿物形态存在的矿物质元素。

根据图 4.6（b）可知，当处理温度由 150℃升高至 300℃时，采用四氢化萘处理的煤样中与硅键合类的 As 含量由 2.8133mg/kg 降低至 2.034mg/kg，煤样中该种类型 As 的脱除率由 11.61％升高至 36.10％〔见图 4.8（b）〕，而硫化物类与碳酸盐类的 As 虽然在煤样中占比高于硅键合类的 As，但脱除率在上述温度区间变化范围却较低。例如，在处理温度由 150℃升高至 300℃时，硫化物类 As 脱除率由 9.44％升高至 15.65％〔见图 4.8（b）〕，而碳酸盐类的 As 脱除率由 8.00％升高至 15.99％。对比水热处理与四氢化萘处理煤样中 As 的含量发现，当处理温度达到 300℃时，采用四氢化萘处理的煤样中 As 的含量更低、脱除率更高。这也进一步验证了煤中非矿物质 As 元素的含量和分布与泥炭、褐煤等低变质程度煤的沉积环境密切相关。

因此，由上述分析可得出采用四氢化萘处理煤样过程中对于更多是以非矿物质（non-minerals）形式赋存在有机质中的 As 脱除作用更为明显。对比图 4.5（c）和图 4.6（c）可知，随着处理温度升高，无论是水热处理煤样还是采用四氢化萘处理煤样，煤样中碳酸盐类、硫化物类以及与硅键合的 Pb 含量都呈现降低的变化趋势。进一步对比分析发现，采用四氢化萘处理煤样中与硅键合的 Pb 含量降低得更为明显，而硫化物类以及碳酸盐类的 Pb 在提质煤样中含量虽然有所降低，但降低幅度小于与硅键合的 Pb 含量降低的幅度。原煤中硫化物类的 Pb 含量为 1.4539mg/kg，当处理温度由 150℃升高至 300℃时，水热处理煤样和四氢化萘处理煤样中硫化物类的 Pb 含量降低至 1.3511mg/kg 和 1.323mg/kg，脱除率分别达到 7.07％和 9.00％〔见图 4.7（c）和图 4.8（c）〕，此时与硅键合的 Pb 含量分别降低至 0.1178mg/kg、0.106mg/kg，对应的脱除率分别达到 23.01％、30.72％。

前已述及，Pb 在褐煤中的赋存主要是以方铅矿的形式存在，少量以有机物结合态或碳酸盐、硫酸盐、磷酸盐结合态以及氧化物的形式存在。但实际上，之所以这样认为，主要是由于煤中的硫被广泛认为是一种能够形成有机缔合物的元素，这也使硫的有机缔合物成为被曲解最多的有机缔合物，大部分研究或著作将其命名为"有机硫"是为了作为煤炭清洁的指导方针，而不是依据严格的科学标准来进行划分的。

因此，根据实验数据可以得出，在采用水热和四氢化萘处理煤样过程中，煤样中硫化物类 Pb 脱除的原因，一方面是部分硫化物溶解于水中，这发生在水热处理褐煤过程中；另一方面，采用四氢化萘处理煤样过程中，赋存在有机质中的 Pb 与 COO—、O—CH₃、Ar—O—等官能团键合，参与了褐煤的溶胀反应，部分含 Pb 的有机质溶解于四氢化萘中，最终导致处理煤样中的 Pb 含量降低。后一方面主要是由于煤在有机溶剂中的溶胀性与溶剂的给电子能力密切相关，同时煤的溶胀反应与煤在溶剂中的浸入热有所关联。因此，具有特殊相互作用的有机溶剂与煤中表面官能团的相互作用焓决定了煤的溶胀行为。

　　研究发现，煤中氢键位置（酚羟基）之间的相互作用焓同有机溶剂与对氟苯酚的相互作用焓非常相似，这表明酚羟基等含氧官能团在溶胀反应过程中起到重要作用，而且相关研究也发现酚羟基中的氧甲基化减少了褐煤对有机溶剂的吸附。煤中存在特定数量的具有特殊相互作用的活性位点，这也最终决定了褐煤溶胀的最大程度，且非共价交联键的解离是溶胀过程的一个重要特征。因此，在上述化学键的形成以及羟基的氧甲基化过程中，赋存在有机质中的重金属发生解离。

　　具体而言，当处理温度为 150℃ 时，与原煤相比，XLW-150 以及 XLT-150 两煤样中，与硅键合类的 Cd 含量分别由 0.0843mg/kg 降低至 0.0101mg/kg、0.00932mg/kg［见图 4.7（d）和图 4.8（d）］，对应的脱除率分别为 16.53％和 22.98％。随着处理温度升高，上述类型的 Cd 在处理煤样中的含量进一步降低，当处理温度达到 300℃ 时，XLW-300 以及 XLT-300 两煤样中 Cd 含量分别为 0.009mg/kg 和 0.0082mg/kg，对应的脱除率分别为 25.62％和 32.23％。但与碳酸盐类、硫化物类 Cd 的脱除率相比，与硅键合类的 Cd 脱除率相对较低。

　　例如，与原煤相比，在 XLW-300 煤样中，碳酸盐类、硫化物类 Cd 含量分别降低至 0.0112mg/kg 和 0.0604mg/kg，对应的脱除率分别为 46.92％和 28.35％。而在采用四氢化萘处理煤样中碳酸盐类、硫化物类 Cd 含量分别降低至 0.0085mg/kg 和 0.0332mg/kg，对应的脱除率分别为 59.72％和 60.62％［见图 4.7（d）和图 4.8（d）］。由上述分析可知，采用四氢化萘处理煤样过程中，对于煤样中与硅键合类的 Cd 脱除的影响小于对于碳酸盐类、硫化物类 Cd 脱除的影响。

## 4.2.3　溶液对重金属析出影响机理

　　水热处理本质上是褐煤在高压和亚临界水环境下的热解过程，在此过程中可采用两种不同的理论来阐述水热处理过程中微量元素的脱除反应：一种是煤的热解，另一种是微量元素在溶液中的溶解。由 4.2.2 节中的数据可以看出，当处理温度达到 200℃ 时，Hg、As 等重金属化合物开始析出。相关研究表明，在相同初始温度下，通过增大反应系统压力，褐煤中的 Hg 的脱除率也呈升高的变化趋势，这说明当水处于亚临界状态时煤样中微量元素 Hg 的脱除主要是由于煤发生了热解反应。另一方面，由于提高反应温度或增大反应系统中的压力，溶液处于亚临界状态。与普通水不同，亚临界溶液能强烈地将有机物溶解于溶液中并具有强烈的分解力。因此，亚临界溶液对褐煤中有机物具有较高的溶解度，在这个过程中，褐煤中难溶有机物或无机物的溶解伴随着微量元素的溶解释放。例如，在常规水环境下，褐煤中砷酸盐很难溶于水，但在亚临界溶液中，褐煤中的砷酸盐则变得可溶。因此，通过改变反应系统溶液所处状态，可使本来难溶于水的重金属元素更容易溶于水而析出量更大。在此基础上，可以认为水热处理褐煤过程中，水在整个系统中不仅扮演溶剂角色，其本身作为反应物也可能参与煤中痕量元素相关反应，从而促进重金属元素的析出。

本书中褐煤含有 Hg、As、Cd 以及 Pb 四种重金属，但其存在形态及含量存在显著差异。其中，四种重金属存在形式以重金属硫化物为主，其次是碳酸盐类化合物。同时，与硅形成化学键而存在的重金属也被检测到，但含量与硫化物相比明显较低。因此，水热处理产生的热解作用和水溶作用对上述以不同化合物形式赋存在褐煤中的重金属影响是存在显著差异的。例如，对于 Hg 而言，随着处理温度的升高，Hg 元素脱除率逐渐增大，这说明热解作用对煤中 Hg 元素有较高的脱除效率；在相同处理温度下，对比分别使用水与四氢化萘处理煤样，发现采用四氢化萘溶液处理时 Hg 元素的脱除率更高，但要小于温度对 Hg 元素脱除率的影响，这说明热解作用对 Hg 的析出效果大于溶液的溶解作用，热解作用在水热过程中起到的效果优于水溶作用。

总体而言，在反应过程中，反应系统中的四氢化萘、水在处理煤样过程中起到了反应物以及溶剂的角色，有助于脱除褐煤中的重金属元素。水、四氢化萘以及二者混合溶液处理煤样过程中，由于处理过程中溶液溶解、水热热解以及反应系统处于类亚临界状态都有助于提高褐煤中 Hg、As、Cd 以及 Pb 四种重金属的溶解度，因此，上述四种重金属的脱除过程中可通过调节反应系统临界状态，增强（或抑制）热解反应、溶解能力来精准控制重金属元素的脱除效率。

# 4.3 液体中阳离子含量

由文献可知，K、Ca、Mg、Al、Fe、Ti 等元素在煤中主要以碳酸盐、硅酸盐、硫酸盐、磷酸盐、氧化物、氢氧化物、硫化物等矿物作为载体；其他微量元素则存在无机形态和有机结合态 2 种赋存形式：无机形态可以是独立矿物或者是与矿物相结合的，有机结合态包括离子交换形态、螯合形态或有机-金属形态。

在采用四氢化萘溶剂处理褐煤的过程中，褐煤中部分大分子被破坏、分解、脱离和转化，导致一些金属离子原有赋存状态被破坏而释放出来，溶于处理溶液中。图 4.9～图 4.11 分别为四氢化萘、水以及二者混合溶液处理煤样产生废液中金属离子含量的分布。对比图 4.9、图 4.10 以及图 4.11 可知，在废液中有 $K^+$、$Na^+$、$Ca^{2+}$、$Mg^{2+}$、$Al^{3+}$、$Fe^{3+}$ 以及 $Mn^{2+}$ 离子存在，同种溶液处理煤样的废液中各离子浓度存在差异，大体上随着处理温度升高，金属离子浓度逐渐增大。不同溶剂处理煤样的废液中，四氢化萘处理煤样的废液中金属离子含量普遍高于水处理煤样的废液，二者混合溶液处理煤样的废液中金属离子含量处于二者之间。不论采用何种溶液对褐煤进行提质，废液中 $K^+$、$Na^+$、$Ca^{2+}$、$Mg^{2+}$ 含量普遍较高，远远大于 $Al^{3+}$、$Fe^{3+}$ 以及 $Mn^{2+}$ 离子含量。其中，废水中 $Mg^{2+}$ 含量最大。当脱水温度为 150℃时，与其他两种溶剂处理的煤样相比，四氢化萘溶液处理煤样的废液中 $Mg^{2+}$ 离子含量最高，达到 1.32 g/L。随着处理温度升高，废液中其他金属阳离子含量也逐渐增大。

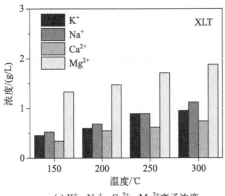

(a) $K^+$、$Na^+$、$Ca^{2+}$、$Mg^{2+}$离子浓度

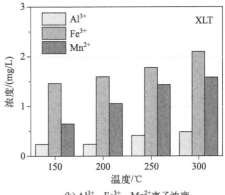

(b) $Al^{3+}$、$Fe^{3+}$、$Mn^{2+}$离子浓度

图 4.9　四氢化萘溶液处理的煤样废液中金属离子含量分布

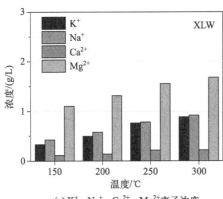

(a) $K^+$、$Na^+$、$Ca^{2+}$、$Mg^{2+}$离子浓度

(b) $Al^{3+}$、$Fe^{3+}$、$Mn^{2+}$离子浓度

图 4.10　水处理的煤样废液中金属离子含量分布

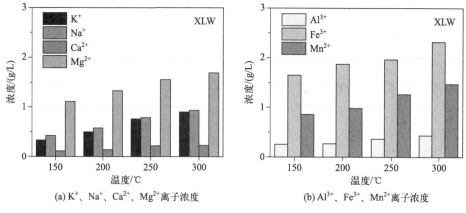

(a) $K^+$、$Na^+$、$Ca^{2+}$、$Mg^{2+}$离子浓度　　　(b) $Al^{3+}$、$Fe^{3+}$、$Mn^{2+}$离子浓度

图 4.11　四氢化萘和水混合溶液处理的煤样废液中金属离子含量分布

　　总体而言，褐煤的水热提质是一种典型的非蒸发脱水工艺，在提质过程中，褐煤中的水作为液体被脱除，节省了汽化过程潜热。在水热提质过程中，提质煤样在亚临界水中经历高温高压（水在高于饱和蒸汽压条件下保持为液体状态）下的物理和化学变

扫码看彩图

化。因此，随着处理温度升高，亚临界水的温度和压力也逐渐增大，与常规条件相比，这极大促进了褐煤中矿物元素的析出，其中采用四氢化萘处理的褐煤中金属阳离子的析出量更大。这可能是由于褐煤中的碱金属 K、Na 等离子以羧基盐类化合物的形式存在，特别是四氢化萘溶液处理煤样的废液中 $K^+$、$Na^+$ 等离子含量普遍高于水以及混合溶液处理煤样的废液。

　　相关学者研究表明，褐煤中的碱金属及碱土金属 Na、Ca 均对褐煤热解过程中 $NH_3$ 的析出有抑制作用。而对于褐煤的热解和气化，煤中的矿物元素，特别是 K、Ca、Fe、Na 等均可与硫元素形成稳定的化合物，对硫的脱除起到催化作用。因此，煤中矿物质并非脱除得越多越好，对不同脱水方式的工况选择，除了要考虑脱水率及煤质改性程度外，还需结合褐煤后续应用来考虑对矿物质脱除的程度。

# 4.4　热解温度对 Hg 析出特性的影响

　　Hg 具有高度的挥发性、毒性、生物蓄积性以及抗氧化性，已被公认为全球关注的污染物，被世界卫生组织列为对公众健康危害最大的 10 种化学品之一。汞经常以不同的 ng/g 级别存在于低阶煤中。在煤的热转化（燃烧、炼焦和气化）过程中，Hg 在大部分煤中在高温下以单质 Hg 的形式蒸发，因此被认为是环境健康危害的严重因素。在本节中，采用基于冷蒸气原子吸收光谱法的 Hg 分析仪测量原煤以及不同提质煤样热解焦炭中的 Hg 含量。常压下采用固定床反应器进行热解脱 Hg 实验，氩气作为载气，热解温度为 200～900℃。实验结果为三次平行实验的平均值，以降低实验误差。通过上述标准方法对获得的热解半焦进行表征。根据式（4-1）计算煤热解过程中的 Hg 的脱除率：

$$\eta_{Hg} = \frac{Hg_T^{coal} - Hg_T^{char}(1 - \eta_{pyrolysis})}{Hg_T^{coal}} \qquad (4\text{-}1)$$

式中   $\eta_{Hg}$——Hg 的脱除率，%；

    $Hg_T^{coal}$——原煤中 Hg 的含量，mg/g；

    $Hg_T^{char}$——热解半焦中 Hg 的含量，mg/g；

    $\eta_{pyrolysis}$——热解失重率，%。

图 4.12 所示为热解温度对不同提质煤样中 Hg 脱除率的影响。整体而言，随着热解温度升高，煤样中 Hg 脱除率逐渐增大。进一步分析发现，当热解温度达到 900℃时，原煤（XLR）中 Hg 的脱除率最大，达到 91.52%，而其他三种提质煤样 XLT-250、XLTW-250 以及 XLW-250 在 900℃时，Hg 的脱除率分别为 67.31%、73.47% 以及 84.02%。由以上可以看出，采用含有四氢化萘溶液处理煤样的 Hg 的脱除率略低一些。

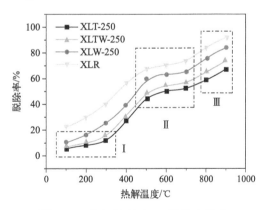

图 4.12 热解温度对 Hg 脱除率影响

此外，随着热解温度的升高，Hg 脱除率按温度可划分为三个阶段，如图 4.13 所示。第一阶段为 100～300℃。与原煤相比，三种提质煤样在热解温度 300℃以前，Hg 脱除率较低，在 6.02%～25.11%。这主要是由两方面原因导致：一方面是当采用四氢化萘溶液对褐煤进行提质时，部分 Hg 溶解到四氢化萘溶剂中，导致提质煤样本身 Hg 含量有所降低；另一方面，当热解温度300℃低于 Hg 的挥发温度，随着热解反应温度的升高，大于 400℃时，热解温度超过提质煤样中 Hg 化合物的沸点，因此所有热解煤样中 Hg 脱除率显著增大。当热解温度在 500～700℃范围内时，Hg 的脱除率达到瓶颈，在这个温度范围，Hg 的脱除率并未明显增大，这是 Hg 脱除的第二阶段。其中，与100～300℃热解温度范围内 Hg 的脱除率相比，500～700℃范围内 XLT-250煤样中 Hg 的脱除率为 46.21%～51.31%，变化幅度仅为 5.10%，明显低于第一阶段。这说明在较高的热解温度下，Hg 脱除率增速有所降低。在热解温度由 800℃升高至 900℃时（第三阶段），XLT-250、XLTW-250 以及 XLW-250 煤样对应的 Hg 脱除率分别达到 67.31%、73.47%以及 84.02%。

如前所述，在整个热解温度区间，Hg 脱除可明显分为三个阶段，这主要是由于煤样中 Hg 以不同形式存在，导致不同形式的 Hg 脱除的特征温度范围存在差异。例如，煤样中以松散方式存在的 Hg 一般在 250～300℃范围即可脱除，以化合物形式存在的 Hg 一般在 600℃下也可完成脱除，一般以硫化物形式存在的 Hg 在热解温度达到 900℃时发生分解反应。

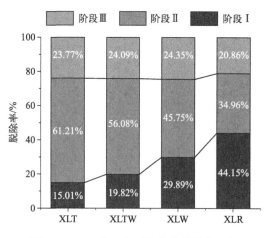

图 4.13　Hg 在三个不同阶段脱除率比较

# 4.5　保温时间对 Hg 析出特性的影响

在 700℃条件下对原煤以及三种不同提质煤样进行 5～100min 的脱除 Hg实验，研究了热解达到终温后保温时间对 Hg 脱除率的影响。图 4.14 为热解保温时间对 Hg 脱除率的影响。由图 4.14 分析可知，在 5~20min 保温时间范围内，随着热解温度达到终温后保温时间的延长，Hg 脱除率增大，随后趋于平稳。在 20~100min 保温范围内，Hg 的脱除率变化范围在 2%以内。这说明当达到热解终温后保温时间的进一步延长对 Hg 脱除率的增加影响很小，热解保温时间为 20min 时足以达到较高的脱 Hg 效率。

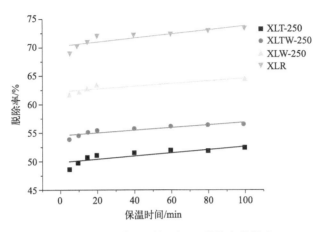

图 4.14　热解保温时间对 Hg 脱除率的影响

此外，相关研究表明，加压热解对 Hg 的脱除有一定的影响，但决定因素是热解温度以及达到热解终温后的保温时间。Xu 等通过研究发现，中低温热解过程中通过降低压力可改变挥发分析出过程并降低微孔中的传质阻力，以此来限制 Hg 的脱除速率。较低的压力会加速挥发分的释放，增大煤中的微孔结构的比例，从而促进热解过程中 Hg 的释放以及通过孔隙结构的转移。

## 4.6　本章小结

本章主要研究了提质褐煤中微量元素分布以及热解对 Hg 脱除规律的影响。通过对不同实验条件下提质褐煤的基础性质分析，研究了原煤以及经过四氢化萘、水与二者混合溶液处理的煤样中水分、灰分、挥发分以及元素 C、H、O、N 变化规律；通过采用逐级浸出的方法，研究了提质褐煤中重金属化合物存在形态，重点对比分析了煤样中含有的 Hg、As、Cd 以及 Pb 四种重金属存在形态及含量差异性规律；在此基础上，研究了采用不同溶液处理煤样中不同化合态的重金属脱除率随处理温度的变化规律，分析了溶液对重金属析出影响机理。通过采用 ICP-MS 研究了四氢化萘、水以及二者混合溶液处理煤样

产生废液中 $K^+$、$Na^+$、$Ca^{2+}$、$Mg^{2+}$、$Al^{3+}$、$Fe^{3+}$ 以及 $Mn^{2+}$ 离子含量变化规律。通过采用固定床反应器研究了热解温度和保温时间对重金属 Hg 析出特性的影响。得出如下结论：

① 与其他溶剂相比，采用有机溶剂四氢化萘对原煤样进行脱水时，提质煤样中水分含量明显降低，随着脱水温度升高至 300℃，脱水率由 76.66% 升高至 86.48%。同时，煤样中氧含量也降低至 24.70%。部分有机质于四氢化萘溶剂中发生溶解，部分存在于煤基质中的矿物质随着处理温度升高，溶解到溶剂中的占比增大，XRD 图谱中的衍射峰随着处理温度升高而逐渐降低。

② 四种重金属存在形式以重金属硫化物为主，例如黄铁矿、砷黄铁矿等；其次是以碳酸盐类化合物为主；与硅形成化学键而存在的重金属也被检测到，但含量与硫化物相比明显较低。对于与硅键合的重金属 Cd 和 Pb 而言，二者所占比例较低。无论是水热处理还是四氢化萘处理的煤样，均含有 Hg、As、Cd 以及 Pb 四种重金属。与水热处理煤样相比，采用四氢化萘处理的煤样中 As 脱除得更加彻底，这与在较高温度下，存在于煤基质中的 As 溶解到四氢化萘溶液中有关。无论是采用水热处理还是四氢化萘处理，煤样中的 Pb 含量都是逐渐降低，但含量差距较小。褐煤提质过程中，煤样中的 Pb 虽然呈逐渐降低的变化趋势，但与 As 和 Hg 脱除量相比，Pb 的脱除量较低，这与 Pb 在煤样中的赋存方式有关。

③ 无论是碳酸盐类、硫化物类还是与硅键合的 Hg，这三种类型的重金属在反应过程中脱除率逐渐增大。煤样中以非矿物质状态赋存在有机质中的硫化物类以及与硅键合的 Hg 更多溶解到四氢化萘中。与硅键合的 As 更容易在反应过程中溶解到水中，产生砷离子，而碳酸盐类以及硫化物类的 As 却难以溶于水中形成砷离子；采用四氢化萘处理煤样过程中，对于更多是以非矿物质形式赋存在有机质中的 As 脱除作用更为明显。采用水热处理和四氢化萘处理煤样过程中，赋存在有机质中的 Pb 与 COO—、O—CH₃、Ar—O 等官能团键合，参与了褐煤的溶胀反应，部分含 Pb 的有机质溶解于四氢化萘中，最终导致处理煤样中的 Pb 含量降低。

④ Hg 的脱除率受热解温度和保温时间影响。在整个热解温度区间，Hg 脱除可明显分为三个阶段：

第一阶段（100～300℃），脱除以物理形式吸附的 Hg，且三种提质煤样在热解温度 300℃ 以前，Hg 脱除率较低，在 6.02%～25.11% 区间；当采用四氢化萘溶液对褐煤进行提质时，部分 Hg 溶解到四氢化萘溶剂中，导致提质煤样本身 Hg 含量有所降低。

第二阶段（500～700℃），脱除是以化学键形式结合的 Hg 的分解释放以及部分 Hg 的升华。

第三阶段（800～900℃），其中 Hg 的脱除率明显降低。保温时间的进一步延长对 Hg 脱除率的增加影响很小，热解保温时间为 20min 时足以达到较高的脱 Hg 效率。

第 **5** 章

# 褐煤催化热解产物分布规律研究

## 5.1 氧载体的热反应特性

### 5.1.1 氧载体热重分析

图 5.1 所示为在三种精矿不同比例条件下制备成的氧载体在热重分析仪上的失重变化。由图 5.1 (a) 可知，在 $N_2$ 气氛下，随着温度升高，氧载体失重率逐渐增大。在相同时间内，随着赤铁矿比例的逐渐降低，铜精矿和镍精矿比例逐渐增大，氧载体的失重率逐渐增大。这主要是由于 CuO 在此过程中发生分解反应形成 $O_2$ 和单质 Cu，促使氧载体失重率增大。当反应时间达到 280s 时，$N_2$ 载气切换成合成气，氧载体失重率在短时间（<50s）内迅速增大。这主要是由于在还原气氛下，氧载体中包含的三种天然矿石（赤铁矿、氧化铜矿与氧化镍矿）与合成气中的 $H_2$、CO 发生还原反应，生成 Cu/FeO/Ni，使矿石中的晶格氧从内部运移至颗粒表面，生成 $CO_2$ 以及 $H_2O$ 等，进而促使氧载体失重率增大。对于 Fe100-Cu0-Ni0（♯1）而言，由于赤铁矿精矿中的 $Fe_2O_3$ 含量为 86.17%，若还原产物全部为 FeO（假设其他矿物不被还原），理论失重率为 6.82%，实际失重率为 5.14%；对于 Fe0-Cu50-Ni50（♯11）而言，若还原产物全部为 FeO/Cu/Ni，理论失重率为 5.82%，实际失重率为 7.20%。这说明随着氧载体中铜精矿和镍精矿比例增大，放出热量能力增强，进而使铜矿和镍矿两矿石发生化学反应，形成更多的挥发性气体产物并释放。

此外，随着氧载体中铜矿石含量的增加，实际上氧载体供氧能力也呈现出增加的趋势，这主要是由于单位质量的铜矿石比赤铁矿、氧化镍矿携带更多的活性晶格氧。从图 5.1 (a) 中还可以看出，氧载体在最初的 280s 内的失重率很低，

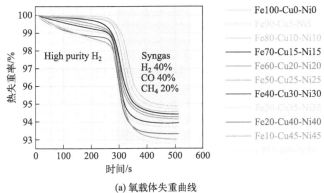

(a) 氧载体失重曲线

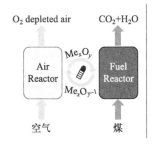

(b) 化学链过程的示意图和关键反应
(箭头表示不同物质的反应移动方向)

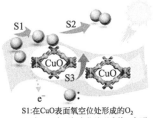

S1:在CuO表面氧空位处形成的$O_2$
S2:在CuO表面氧空位处形成的$O_2$解吸
S3:O离子从表面下迁移到表面

(c) CuO中氧的释放机理

扫码看彩图

图 5.1　$N_2$ 吹扫和合成气还原阶段中氧气载体的热反应特性
High purity $N_2$—高纯度氮气；Syngas—合成气；Air Reactor—空气氧化反应器；
Fuel Reactor—燃料气还原反应器；$O_2$ depleted air—贫氧空气

在 2% 以内。这是由铜矿石中的氧气释放所致。氧载体的最大失重率随着铜矿和镍矿在氧载体中比例的增加而增加，其中 Fe0-Cu50-Ni50（♯11）呈现最高峰值，这主要是由于在氧载体化学链循环过程中，氧化铜（CuO）比赤铁矿（$Fe_2O_3$）具有更好的反应性。因此，多金属组成的氧载体中增大氧化铜矿所占比例将有助于提高氧的释放速率，增大后续反应速率。此外，氧载体中随着氧化铜和氧化镍矿质量分数等比例增大，失重率并未随之线性增大，而是♯1～♯11 氧载体失重率呈现非线性增大趋势，这主要是由于氧载体中存在的氧化铜、氧化镍矿与赤铁矿（$Fe_2O_3$）之间发生的热转化协同作用。将惰性气氛切换成合成气后，合成气与铜精矿、镍精矿发生放热反应，而与赤铁矿发生的反应是吸热反应。因此，从吸热和放热反应角度来看，理论上可以通过调节氧载体中赤铁矿、铜精矿、镍精矿三者之间的比例实现反应器中的热平衡。一旦反应系统达到自动热平衡，就可以更容易地控制反应系统中的温度，这非常有利于氧载体中氧释放及负载的操作灵活性提高。氧载体中氧的存储与释放流程如图 5.1（b）所示，装置由两个相互连接的反应器，即燃料气（还原）反应器和空气（氧化）反应器构成。在燃料气反应器中，氧载体被燃料气还原，并且还原的氧载体在空气反应器中被氧化转化到其原始状态。燃料气反应器中的出口气体包含 $CO_2$ 和 $H_2O$，它们没有被空气中的 $N_2$ 稀释。通过冷凝水蒸气，可获得高纯度的 $CO_2$，而不会因分离而损失热量。在化学链反应过程中，氧载体中发生复杂的相变反应，促使氧载体中的氧转移，这也将决定随后的反应特性。

相关研究表明，在理想条件下，氧载体的总反应速率只受表面化学反应和物质中的氧转移控制。一般而言，化学反应中还原反应是化学链反应中的限速步骤。Zeng 等对采用化学链方法制氢过程中二元氧载体的协同效应进行研究发现，还原反应几乎在赤铁矿转化开始之前就已完全终止，这主要是由于氧化反应过程中赤铁矿周围形成了一层无孔磁铁矿或钠云母层的核壳结构。因此，氧载体中的氧通过核壳结构向外转移的过程被认为是动力学速度降低的过程。相关研究认为，几乎所有反应完成所需时间长短都是由化学反应步骤控制的。这种局限性主要是由将收缩核模型拟合到动力学数据中造成的。因此，在该模型的基础上，假设氧载体中的氧释放过程是通过产物层的转移而不受反应速率限制，实际反应速率与整个反应速率相等。因此，本书通过采用 X 射线电子能谱分析表征氧载体中氧结构的变化及化学成分，以此来研究氧载体在反应过程中氧释放速率所受核壳结构的影响，这主要是基于在反应过程中氧载体里氧的性质是否发生改变。

## 5.1.2 氧载体 XPS 表征

图 5.2 为 Fe20-Cu40-Ni40（#9）在不同的氧化还原时间条件下，氧载体中晶格氧及氧空位含量的变化规律。通过图 5.2（a）和（b）可知，无论是发生氧化反应还是还原反应，在键能 526～534eV 范围内，都出现三种氧结构的峰：528～530eV 归属于晶格氧，命名为 O I；>530～532eV 归属于氧空位，命名为 O II；>532～534eV 归属于氧载体中吸附的氧，命名为 O III。一般而言，由于氧载体中表面及内部孔隙吸附的氧较少，因此可忽略不计。此外，从图 5.2 中也可以看出，相比于其他两个拟合峰，在 532～534eV 范围内光谱的拟合峰强度呈现出很小的值。对于氧载体中的氧转移而言，氧载体中的氧发生转移的反应表现为晶格氧的逐渐消耗和相应的氧空位的增加。当氧载体发生还原反应 17min 时，氧载体中的晶格氧 O I 相对含量降低，而氧空位 O II 相对含量有所增大，这表明在氧载体的还原反应过程中发生物相转变，使氧载体中的晶格氧可活化为氧空位，从而促进反应进行。与 Cu 和 Ni 相比，Fe 的化学反应活性更高。

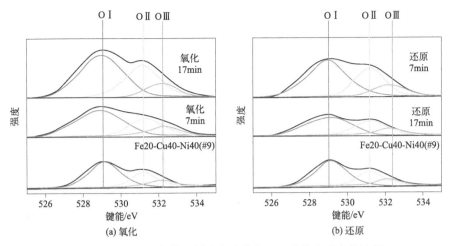

图 5.2 ♯9 样品氧化还原反应过程中 O1s 结构在其中的比例
注：O1s 指碳材料中氧原子 1s 轨道上的电子

因此，在氧载体中所有四面体位置都被 Fe 占据，Cu 和 Ni 的存在可以促进其发生还原反应，这主要是由于 Fe—O 键断裂的能量较低，导致还原后在四面体位置附近产生更多的流动氧。Tao 等利用原位 XPS 和 DFT 计算从分子角度研究 $CH_4$ 在尖晶石氧化物上的氧化机理，发现四面体亚晶格附近的流动氧与体相氧向化学吸附氧的转化有关，提高了 $CO_2$ 的选择性，这与本研究所得到的结论相一致。由表 5.1 可知，氧载体原样中晶格氧和氧空位所占比例分别为 58.32% 和 41.68%。随着还原时间的延长，分别达到 7min 和 17min 时，氧载体中晶格氧的百分比降低，分别达到 29.41% 和 13.97%。这说明只要反应时间充分，氧载体中的晶格氧会充分释放，并参与到重质焦油的氧化裂解中。但进一步分析发现，在还原反应与氧化反应时间相同的情况下，氧空位在氧化条件下补充氧的能力小于还原反应过程中失去氧的能力。这主要是由于在还原反应过程中，铜矿与镍矿在高温条件下发生反应，形成了 $Cu_wFe_xNi_yO_z$ 混合物，在此过程中放热，在还原气氛下促使更多的氧释放。

表 5.1 不同氧化、还原时间条件下氧载体中晶格氧和氧空位所占百分比

| 样品 | Fe20-Cu40-Ni40（♯9） | |
|---|---|---|
| | 晶格氧所占百分比/% | 氧空位所占百分比/% |
| 焙烧样品 | 58.32 | 41.68 |
| 7min 还原 | 29.41 | 70.59 |
| 17min 还原 | 13.97 | 86.03 |
| 7min 氧化 | 47.87 | 52.13 |
| 17min 氧化 | 54.46 | 45.54 |

## 5.2 气体产物产率及组成

### 5.2.1 N₂气氛下热解气体产物组成

图 5.3 所示为在 N₂ 气氛下热解温度为 600~1000℃时热解气体产物产率分布。由图 5.3 可知,在 N₂ 气氛、热解温度为 600~1000℃条件下,热解气体产物各组分含量均逐渐增大,但随着热解温度升高,H₂ 产率增大最为明显,CO 次之,其他三种气体,即 CH₄、CO₂ 以及 C₂H₄ 产率呈现出相似的变化规律。具体而言,当热解温度为 600℃时,H₂ 产率为 55.71mL/g。随着热解温度逐渐升高至 800℃、1000℃,H₂ 产率分别增大至 135.28mL/g、228.22mL/g。H₂ 主要来自长链脂肪烃的裂解与缩合,以及芳香族和氢芳香族结构的缩合或杂环化合物的分解、环化反应。随着热解反应温度升高,上述反应强度增大,H₂ 产率升高。在整个热解升温过程中,对于 CO 而言,产率逐渐增大,但增大幅度明显小于 H₂ 产率的增加幅度。例如,当热解温度为 600℃时,CO 产率为 44.27mL/g。随着热解温度逐渐升高至 700℃、900℃、1000℃,CO 产率分别增大至 81.57mL/g、91.87mL/g、93.70mL/g。热解过程中的 CO 主要来自酚羟基和羰基分解、醚键断裂、含氧杂环及短链脂肪酸断裂等。

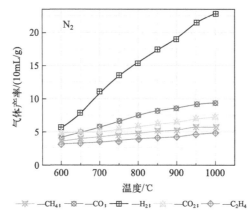

图 5.3 N₂气氛下热解温度为 600~1000℃时热解气体产物产率分布

上述反应又可具体分为:低于 400℃时,CO 生成以羰基官能团的分解为主;而高于 500℃时,CO 生成以含氧杂环的断裂为主。对于 CO₂ 而言,随着热解温度升高,CO₂ 产率逐渐增大,除了 H₂ 之外,与其他三种气体产率变化规律相似。例如，当热解温度为600℃时，$CO_2$ 产率为48.32mL/g。随着热解温度逐渐升高至700℃、800℃、1000℃，$CO_2$ 产率分别增大至61.25mL/g、64.94mL/g、72.33mL/g。与CO产率相比，在相同热解温度下的 $CO_2$ 产率略低。这主要是由于 $CO_2$ 的形成与羧基、醚结构、含氧杂环、醌和碳酸盐在高温下的分解有关。

此外，热解过程中产生了少量 $CH_4$ 气体，随着热解温度升高，$CH_4$ 产率呈现缓慢增大的变化趋势。当热解温度为600℃时，$CH_4$ 产率为37.25mL/g。随着热解温度逐渐升高至700℃、800℃、1000℃，$CH_4$ 产率分别增大至39.08mL/g、41.86mL/g、57.56mL/g。进一步分析发现，$CH_4$ 产率随着热解温度升高而增大的幅度小于CO和 $CO_2$。相关研究表明，$CH_4$ 主要来自焦油中含有甲基侧链的氢键断裂以及与芳香环连接的亚甲基官能团断裂。此外，也有相关学者经研究认为，在与芳香环和环烷环相连的脂肪族碳氢化合物或烷基链上，$—CH_3$ 和 $—CH_2$ 的断裂导致甲基自由基的形成，这些甲基自由基最终可与氢反应形成 $CH_4$。由以上可以看出，热解原料进行热解反应过程中各个气体组成的生成机理存在显著差异。

根据图5.3可知，反应温度在950℃时，各气体组分产率增大趋势放缓，因此随后的热解反应温度均设定为950℃。由于氧载体的加入，在热解气氛中存在一定量的 $O_2$，因此可保持所需的反应温度，同时也可将蒸汽引入到反应器中，以优化实际反应的工艺参数。图5.4为在热解温度为950℃、氮气气氛下添加氧载体时热解气体产物分布规律变化情况。由图5.4可知，随着氧载体的加入（铜矿和镍矿比例的逐渐增大），$H_2$ 产率降低。具体而言，当氧载体Fe100-Cu0-Ni0（#1）加入时，$H_2$ 产率由未添加氧载体时的221.74mL/g升高至229.06mL/g，这表明随着氧载体的加入，赤铁矿中 $Fe_2O_3$ 成分对于 $H_2$ 的生成具有促进作用。随着氧载体中各成分比例的变化，$H_2$ 产率呈现逐渐降低的趋势。例如，在氧载体中赤铁矿比例逐渐由90%降低至0［Fe90-Cu5-Ni5（#2）］，而铜精矿和镍精矿比例逐渐由5%增大至50%［Fe0-Cu50-Ni50（#11）］的过程中，$H_2$ 产率由229.06mL/g降低至170.966mL/g。$H_2$ 产率的降低主要是由于氧载体的加入，在热解过程中，$H_2$ 与 $O_2$ 发生反应形成 $H_2O$。本质上，随着氧载体中铜矿和镍矿比例的逐渐增大，热解过程中氧载体释放出的 $O_2$ 量增大，进而促进了存在的可燃气体以及固体半焦发生氧化反应，生成CO和 $CO_2$。在相同的温度下，随着氧载体中铜精矿和镍精矿比例的逐渐增大，热解焦油含量显著降低。此外，还有可能是由于氧载体的催化作用，促使重质焦油发生氧化反应，形成轻质气体产物和轻质焦油，CO和 $CO_2$ 产率大幅升高。

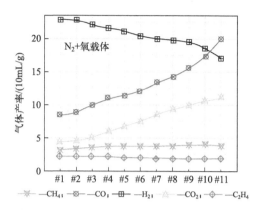

图 5.4　$N_2$ 气氛下热解温度为 950℃时添加氧载体条件下的热解气体产物产率分布

具体而言，当氧载体 Fe90-Cu5-Ni5 （♯2） 添加到反应器中时，氧载体中赤铁矿占比达 90%，而铜精矿和镍精矿比例仅为 5%，对应的 CO 和 $CO_2$ 产率分别为 87.84mL/g、46.08mL/g。随着氧载体中铁氧化物比例逐渐降低，铜精矿和镍精矿比例逐渐增大，Fe20-Cu40-Ni40 （♯9） 对应的 CO 和 $CO_2$ 产率分别为 157.27mL/g、99.68mL/g。进一步对比分析发现，热解过程中 CO 的产率显著高于 $CO_2$，这可能是由于在一定的热解反应温度条件下，氧载体的加入对实验原料 CO 产生的影响高于 CO 氧化形成 $CO_2$ 的影响，进而在热解过程中 CO 产率大于 $CO_2$。一般而言，添加氧载体后发生原位催化氧化裂解反应，烃类分子（煤焦油或热解气体）与过渡金属氧化物中的氧发生反应生成氧空位。

在此过程中，氧载体表面的氧发生反应被消耗，内部的体相氧向氧载体表面扩散，以此来补充氧空位。随着表面氧的进一步消耗，体相氧不足以弥补表面氧的消耗，导致过渡金属氧化物氧含量降低，原位催化氧化裂解反应能力减弱。根据热解产物气体分布规律以及氧载体中晶格氧、氧空位的表征规律，可以推断出铜氧化物和镍氧化物中的氧几乎参与了整个挥发分的催化氧化裂解反应，$CO_2$ 产率随着氧载体中铜精矿和镍精矿比例的增大而逐渐增大，这也直接证明了铜氧化物和镍氧化物中的氧在气体形成方面表现出较高的催化氧化性能。

此外，$CH_4$ 产率的降低，与 $CH_4$ 和氧载体释放的氧之间发生化学反应有关，在这个反应过程中生成 CO、$CO_2$、$H_2$ 或 $H_2O$，也促进了 CO 和 $CO_2$ 产率的逐渐增大。其中，上述气体的形成取决于氧化的类型，可分为完全氧化或部分氧化。完全氧化时生成 $CO_2$ 和 $H_2O$，实际上这是燃烧反应；部分氧化时生成含有 $H_2$ 和 CO 的合成气。具体而言，当氧载体 Fe90-Cu5-Ni5 （♯2） 添加到反应器中时，氧载体中赤铁矿占比达 90%，而铜精矿和镍精矿比例仅为 5%，对应的 $CH_4$ 产率为 33.11mL/g。随着氧载体中铁氧化物比例逐渐降低，铜精矿和镍精矿比例逐渐增大，添加氧载体 Fe20-Cu40-Ni40（♯9）、Fe10-Cu45-Ni45（♯10）、Fe0-Cu50-Ni50（♯11）对应的 $CH_4$ 产率分别为 40.43mL/g、39.83mL/g 以及 38.17mL/g。

另外，在氧载体中镍精矿比例逐渐增大过程中，热解挥发分或气体产物可与氧载体的镍氧化物发生还原反应，形成金属 Ni。镍氧化物与热解挥发分中的焦油组分发生完全氧化反应，因此当氧载体中的镍精矿比例逐渐增大时，热解产物中的 $CO_2$ 的产率明显增加。同时，催化氧化裂解反应过程中在金属 Ni 表面发生了挥发分的裂解以及催化重整反应，也间接促使 $H_2$ 和 CO 的产率增大。

但在本研究中，随着氧载体中镍精矿比例逐渐增大，实际上 $H_2$ 产率逐渐降低，上述分析得到的结果似乎与本研究结果相反。这主要是由于完全氧化是放热反应，催化氧化裂解以及催化重整是吸热反应。在较高温度下，化学反应以催化氧化裂解以及催化重整为主，消耗了系统内生成的 $H_2$，进而导致反应过程中 $H_2$ 产率的降低。

此外，与氧载体中的铜氧化物和镍氧化物相比，热解挥发分以及气体产物与赤铁矿中的 $Fe_2O_3$ 发生还原反应的活化能最高。当氧载体中的赤铁矿部分被还原为 $Fe_3O_4$ 时，生成 CO 和 $H_2$。但在反应过程中，由于氧载体的存在，Ni、Fe 氧化物对系统中发生水汽变换反应（$CO + H_2O \longrightarrow CO_2 + H_2$）具有催化作用，因此在随着氧载体中铜氧化物和镍氧化物比例的逐渐增大，热解气体产物中只能检测到少量 CO，而 $H_2$ 的产率相对较大。此外，由于 $Fe_3O_4$ 的还原温度明显高于 $Fe_2O_3$，因此，$Fe_3O_4$ 中的晶格氧稳定程度大于 $Fe_2O_3$。

由以上可以看出，在热解挥发分原位催化氧化裂解过程中，由于氧载体中的铜氧化物和镍氧化物的还原温度较低，含有铜氧化物和镍氧化物比例较高的氧载体中氧具有较高的反应活性。当热解挥发分与含量较高的氧载体中的铜氧化物和镍氧化物发生反应时，热解挥发分催化氧化裂解主要生成物为 $H_2O$ 和 $CO_2$，与燃烧过程相似。因此，含有铜氧化物和镍氧化物比例较高的氧载体在反应过程中释放出大量的热量，导致反应系统中的温度升高，在此过程中热解产生的挥发分或气体还可以作为还原剂参与到氧载体的还原反应中。因此，气体产物产率的增加主要是由于 CO 和 $CO_2$ 产量的增加，而 $H_2$、$CH_4$ 和 $C_2H_4$ 的产量均随着热解反应器中氧载体释放氧比例的增加而降低。得到这些实验结果主要是基于：热解过程中产生更多的 $O_2$，将极大地促进可燃气体、焦油和固体发生氧化反应，进而产生更多的 CO 和 $CO_2$。

## 5.2.2 通入水蒸气对气体产物分布规律的影响

图 5.5 为在热解温度为 950℃、氮气气氛下添加氧载体并通入水蒸气条件下热解气体产物分布规律变化情况。由图 5.5 可知，随着水蒸气和氧载体的加入，$H_2$ 和 $CO_2$ 产率显著增大，CO 产率逐渐降低，而 $CH_4$ 和 $C_2H_4$ 产率变化很小，这说明在热解过程中，由于水蒸气的加入，并没有发生很大程度上的甲烷与水蒸气重整反应。由于水蒸气的加入和氧载体分解形成 $O_2$ 释放，反应体系中发生碳气化反应、水煤气变换反应以及重质焦油氧化分解反应。

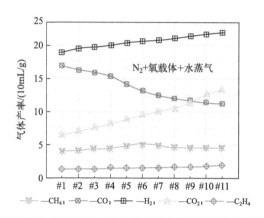

图 5.5　$N_2$ 气氛下热解温度为 950℃时添加氧载体并通入水蒸气条件下的热解气体产物产率分布

此外，由图 5.5 还可以明显看出，氧载体和水蒸气同时加入，蒸汽对于诱发反应的程度大于氧载体。Uddin 等获得的实验结果与本书研究所得到的实验结果相类似，他们认为与非催化氧化裂解相比，添加水蒸气导致热解气体产物中 $H_2$ 和 $CO_2$ 的生成量增加，而添加氧载体后，热解气体产物中的 CO 的产率降低。这主要是由于在煤热解过程中发生水煤气变换反应，可将热解产生的 CO 和 $H_2O$ 在氧载体上转化生成 $H_2$ 和 $CO_2$，这也解释了为什么在氧载体上的 CO 产率低于其他过渡金属氧化物上的 CO 产率。

在本研究中，实际在热解反应过程中，氧载体中 Ni 氧化物与热解挥发分相接触发生的反应更复杂，促使 $H_2$、$CO_2$、CO 以及水的产率同时增加，其中 $H_2O$ 的生成可来自焦油分子的完全氧化或由 $H_2$ 还原金属氧化物生成 $H_2O$。

总体而言，氧气或水蒸气的存在提高了热解气体产物产率，降低了焦油和热解半焦的产率。氧载体在反应过程中释放的氧对产物产率的影响大于水蒸气对产物产率的影响，而热解气体产率的增加主要是由较大的 CO 生成量引起的，在这个过程中发生半焦气化反应，促使半焦产率降低。这进一步表明氧载体的加入，特别是氧载体中铜氧化物和镍氧化物比例的逐渐增大，使得半焦发生明显的碳气化反应。图5.5表明向热解气氛中加入水蒸气明显增强了水煤气变换反应，从而略微提高了 $H_2$ 和 $CO_2$ 的产率，降低了焦油和CO的产率。与此同时，随着水蒸气加入到反应系统中，由于发生碳气化反应，因此半焦产率略有降低，这说明反应过程中除了发生碳气化反应之外，水蒸气与半焦同时也发生了反应。

# 5.3 三相产物产率分布

## 5.3.1 三相产物产率

在煤炭热转化工艺中，气化剂 $H_2O$ 和 $CO_2$ 的存在可以极大地促进煤的转化效率。而且，流化气体中气化剂的不同浓度可能导致不同的煤热转化特性。因此，本节以 Fe20-Cu40-Ni40（♯9）作为氧载体，研究了添加水蒸气与否对三相产物产率的影响。图5.6所示为在热解温度950℃、$N_2$ 气氛下，三种情况所对应的三相产物产率分布规律。由图5.6可知，随着氧载体和蒸汽的加入，半焦和焦油产率明显降低，气体产物产率明显增大。进一步分析发现，加入氧载体后，半焦含量从57.43％降低至50.33％，加入水蒸气使半焦含量从57.43％降低至42.24％。这说明氧载体诱发半焦产率变化的程度小于水蒸气，这是由于在高温下水蒸气与半焦中的碳发生气化反应，生成 $H_2$ 和CO。在 $N_2$ 气氛下的气体产物产率为21.93％。当加入氧载体和加入氧载体＋水蒸气后，气体产率分别增大至45.19％和61.57％。此外，焦油产率随着氧载体和水蒸气的加入呈现降低的变化趋势。$N_2$ 气氛下热解焦油产率为10.34％；而氧载体 Fe20-Cu40-Ni40（♯9）加入后，焦油产率明显降低，仅为5.43％，降低了47.49％；在此基础上，随着水蒸气的加入，热解焦油产率降低至3.78％，与 $N_2$ 气氛下热解焦油产率相比，降低了63.44％。由以上数据可以看出，在反应器中同时加入氧载体和通入水蒸气，为热解挥发分的催化氧化裂解反应提供了更多的机会。

为了掌握氧载体以及水蒸气对反应过程中半焦形貌的影响，通过扫描电子显微镜对原始半焦以及添加氧载体、通入水蒸气条件下反应后的半焦形态进行了表征。图5.7为不同条件下制备的半焦SEM照片对比。由图5.7（a）可

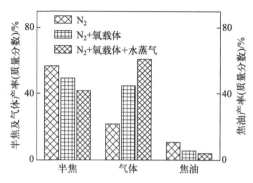

图 5.6 采用氧载体 Fe20-Cu40-Ni40 （♯9）、热解温度为 950℃时三相产物产率分布

(a) 950℃时N₂气氛下半焦　　(b) 950℃时N₂气氛下添加氧载体　　(c) 950℃时N₂气氛下添加氧载体
　　　　　　　　　　　　　Fe20-Cu40-Ni40(#9)时的半焦　　Fe20-Cu40-Ni40(#9)并同时通入
　　　　　　　　　　　　　　　　　　　　　　　　　　　水蒸气时的半焦

图 5.7 采用氧载体 Fe20-Cu40-Ni40 （♯9）、热解温度为 950℃时热解半焦 SEM 图片

知，$N_2$ 气氛下热解半焦表面呈典型的圆形管状结构，孔隙较少，表面有絮状结构，并分布有细小颗粒，这主要是在热解挥发分析出过程中形成的。由图 5.7 (b) 可知，当氧载体 Fe20-Cu40-Ni40 （♯9）加入到反应器后，热解半焦表面出现更大、更深的空穴，孔隙内壁更薄、更加光滑。此外，由于氧载体 Fe20-Cu40-Ni40 （♯9）的加入，在反应过程后，细小半焦颗粒发生燃烧，半焦的内部孔隙发生坍塌，使微孔变得更加明显。在水蒸气的进一步作用下，半焦中的碳颗粒与水蒸气发生气化反应，产生大量微孔，表面形成海绵状结构。

Song 等通过研究发现，表面积是影响含碳煤基材料气化反应性的主要因素。热解半焦中含有大量随机排列的 2～50nm 范围的孔隙结构。在热解过程中，由于孔隙扩大、聚结或堵塞等现象发生，煤在整个热解过程中会发生显著的结构变化。其中，升温速率影响原料的挥发分的析出速率，从而影响生成的半焦颗粒的孔结构，特别是位于微孔中的活性位点，是提高气化反应速率的主要因素。在气化反应过程中，半焦结构中的大孔和微孔对于提高煤气化反应速率具有重要作用，在催化氧化作用下制备的半焦孔隙呈现出大比表面积、孔隙率高的显著特征。对比图 5.7（a）、（b），由图 5.7（c）可知，当反应器中通入水蒸气时，半焦表面形成明显的凹凸不平的孔洞结构，半焦表面呈现出高度的多孔性，并且存在显著的孔间连接，使得气体能够从内部快速扩散到表面。这主要是归因于水蒸气通入到反应器中时半焦结构发生结构性变化的竞争效应：首先是在反应初始阶段，微孔在半焦中迅速形成；其次，随着气化过程的逐渐进行，由于邻近孔隙的连通，邻近孔隙结构逐渐坍塌，半焦中的大孔和中孔作为反应气体到微孔中发生气化反应的活性中心的通道。气化产生的气体产物通过半焦内部的多孔结构扩散，这导致随着反应时间的延长，水蒸气通入累计量逐渐增大，半焦中可用的碳活性中心数量有降低的变化趋势。

### 5.3.2 气体产物组分

结合图 5.8 可知，在 $N_2$ 气氛下添加氧载体后，$H_2$ 产率降低，这主要是由于氧载体分解形成的 $O_2$ 与 $H_2$ 发生反应形成 $H_2O$。而 CO 和 $CO_2$ 产率增大，主要是由于氧载体分解形成的 $O_2$ 与部分 CO 反应形成 $CO_2$，以及部分重质焦油发生氧化反应形成 $CO_2$。前已分析，热解过程中，CO 的产率显著高于 $CO_2$，可能是由于氧载体的加入对实验原料 CO 产生的影响大于 CO 氧化形成 $CO_2$ 的影响，进而在热解过程中 CO 产率大于 $CO_2$。在氧载体和水蒸气均存在的条件下，$H_2$ 和 $CO_2$ 产率增大，这说明水蒸气的加入促使水煤气变换反应程度加强，进而促使 $H_2$ 和 $CO_2$ 产率增大。而 CO 产率降低，说明水蒸气的加入增加了 CO 转化成 $CO_2$ 的能力。这可能是由于水蒸气的加入促使氧载体表面积炭与水蒸气发生气化反应，二次活化了氧载体，促使氧载体分解释放 $O_2$ 与 CO 反应形成 $CO_2$。在此过程中，$CH_4$ 产率在单独氧载体存在的情况下由 4.04% 升高至 5.14%，而 $C_2H_4$ 在此过程中变化不大。

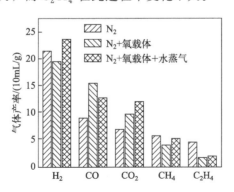

图 5.8　采用氧载体 Fe20-Cu40-Ni40（♯9）、热解温度为 950℃时气体产物产率

# 5.4 TG-MS 分析

## 5.4.1 气体产物释放规律

为了研究氧载体中铜精矿和镍精矿二者是否存在协同作用，采用 TG-MS 研究了不添加任何矿物、添加仅由赤铁矿及镍精矿组成的氧载体，以及添加由赤铁矿、铜精矿和镍精矿组成的三金属复合氧载体后气体产物释放规律，如图 5.9～图 5.11 所示。其中，热解样品中氧载体的添加量始终为实验样品质量的 40%。

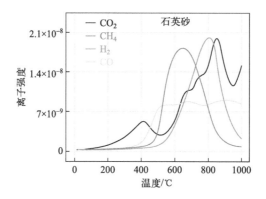

图 5.9 不添加任何氧载体条件下的热解气体产物释放规律

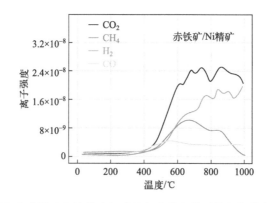

图 5.10 添加由赤铁矿和镍精矿组成的氧载体条件下热解气体产物释放规律

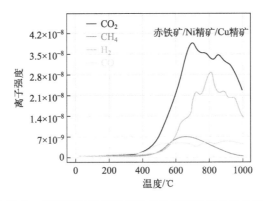

图 5.11　添加由赤铁矿、镍精矿以及铜精矿组成的氧载体条件下热解气体产物释放规律

由图 5.9 可知，在热解升温过程中，$CO_2$ 的来源主要有：热解原料的孔隙中吸附的 $CO_2$、有机结构中羧基官能团的裂解、脂肪键的断裂，以及芳香族化合物中含有的一些弱键、含氧羧基官能团、醚、醌、稳定含氧杂环和碳酸盐的分解。在原料的热解过程中，$CO_2$ 含量在低温（<300℃）阶段开始稳定增加，这主要是由于吸附 $CO_2$ 的受热释放；然后在 420℃ 出现一个峰值，这主要是由于有机结构中芳香环弱键、含氧羧基官能团以及污泥中的有机化合物发生断裂和分解。随着热解温度的升高，$CO_2$ 生成速率增大，在 815℃ 达到最大值。其中，在 650～750℃ 热解温度范围内，$CO_2$ 释放强度出现波动现象，这主要是由于在混合物的有机结构中存在一定量的含氧杂环醚、醌等化合物，这些化合物在该温度范围发生不连续的分解和断裂反应。此外，由图 5.9 还可以看出：在热解温度大于 400℃ 时，开始有 $CH_4$ 生成；在热解温度达到 635℃ 时，归属于 $CH_4$ 的碎片离子强度达到峰值；随着热解温度的继续升高，$CH_4$ 碎片离子的强度逐渐降低，最终在 875℃ 左右时，$CH_4$ 碎片离子强度趋于 0。

此外，由图 5.9 可知，与其他三种气体产物相比，$CH_4$ 生成的温度范围较为宽泛，这说明 $CH_4$ 是由不同的脂肪族烃化合物在不同温度范围内发生的化学反应生成的。在反应初始阶段，主要是长链芳香族-烷基-醚键断裂并分解为 $CH_4$ 气体产物；随着反应温度升高，有机结构中部分相对稳定的化学键，例如甲基官能团发生分解形成 $CH_4$；随着反应温度的进一步升高，有机结构中发生大分子芳香化合物缩聚反应，致使 $CH_4$ 产生。

对于 CO 生成的整体过程而言，CO 碎片离子强度小于其他三种产物。当热解温度低于 400℃ 时，并没有出现明显的 CO 峰。当热解温度大于 400℃ 时，CO 碎片离子强度增大，在大约 700℃ 和 800℃ 出现 CO 碎片离子强度的拐点，这主要是由大分子结构中芳香族和脂肪族结构中的醚键分解形成 CO 所决定的。需要指出的是，C 与水蒸气发生反应的起始温度在 698℃ 左右。在本研究中，CO 碎片离子强度在 700℃ 出现峰值，这可能是由于水蒸气与碳发生气化反应，生成 CO 和 $H_2$ 所引起的。

在原料的热解过程中，在温度大于 450℃ 之后，$H_2$ 主要是由芳香族结构和氢化芳香族结构在高温下的缩聚、脱氢反应以及烷烃发生裂解生成烯烃和 $H_2$ 等小分子气体产生的。一般认为，热解过程中 $H_2$ 的生成可分为两个阶段：第一阶段发生在 450～650℃ 之间，这可能是自由基之间的缩聚反应所致；第二阶段发生在 650～900℃ 之间，其中 650℃ 以后产生大量 $H_2$，原因：主要通过缩聚反应，在热解后期，发生芳香层间缩聚脱氢反应，即少量芳香环的化合物缩聚成大量芳香环，并伴随着 $H_2$ 的释放。

由图 5.10 可知，随着含有赤铁矿和镍精矿的氧载体的加入，在图 5.11 中 420℃ 左右出现的 $CO_2$ 峰消失；随着热解温度升高，在 600℃、680℃、720℃ 分别出现 $CO_2$ 峰，而此时 CO 离子强度呈逐渐降低的变化趋势。这可能是由于在热解过程中，随着氧载体的加入，气体产物将会发生从不完全氧化向完全氧化的转变。

当热解温度达到 800℃ 时，$CO_2$ 和 $H_2$ 气体产物强度出现峰谷，随后两种气体产物强度逐渐增大，这主要是由于氧载体中含有 Ni 和 Fe，在高温条件下 $CO_2$ 和 $H_2$ 反应形成甲醇，但该反应存在的时间较短，主要体现为随着反应温度的继续升高，$CO_2$ 和 $H_2$ 强度又逐渐增大。另外，碳和 $Fe_2O_3$ 的固-固反应也有助于提高 CO 和 $CO_2$ 的浓度。整体而言，$CO_2$ 强度明显高于其他气体产物，这主要是由于氧载体的加入，促进了 CO 和 $H_2$ 与氧气的反应。

由图 5.11 可知，在热解反应原料中，随着由赤铁矿、铜精矿和镍精矿组成的氧载体的加入，除了 CO 和 $CH_4$ 的碎片离子强度降低以外，$CO_2$ 和 $H_2$ 碎片离子强度呈增大趋势，且 $CO_2$ 和 $H_2$ 碎片离子强度高于图 5.10 中展示的结果，特别是 $CO_2$ 强度增加得最为明显。这主要是由于氧载体中含有氧化铜矿，随着热解温度的升高，氧化铜分解释放出气态氧气，这有助于 CO 和 $CH_4$ 发生完全氧化反应，生成 $CO_2$。进一步分析发现，热解温度达到 680℃ 左右时，$CO_2$ 释放强度呈降低趋势。但比较有趣的是，反应过程中 $H_2$ 碎片离子强度显著增强，在 800℃ 时达到最大值，随后呈逐渐降低的变化趋势。这可能是由于在高温条件下，Cu/Ni/Fe 三种金属形成复合金属化合物，对原料热解具有催化作用，但该复合化合物对温度较为敏感：在 600～800℃ 对原料热解具有催化作用，超过 800℃ 时有烧结现象出现，催化作用降低。进一步的反应机理探索，我们将在 5.5 节进行详细介绍。

## 5.4.2 焦油组成

由图 5.12 可知，采用不同氧载体条件下收集的热解焦油颜色存在明显差异，未添加任何氧载体条件下收集的焦油明显呈现黑棕色，而随着赤铁矿和镍精矿组成的复合双金属氧载体以及三金属复合氧载体的加入，热解焦油的颜色逐渐变浅，这也是焦油进一步被提质和轻质化的表现。另一方面，氧载体的组成不同，造成焦油颜色差异，表明热解过程中挥发分经过氧载体的催化氧化转化可脱除焦油中的大部分重质组分，使热解过程中收集的液体产物在持续数小时的静止存放过程中颜色保持淡黄色。这与我们之前在实验室进行的研究中添加其他相似组分的氧载体后获得热解焦油颜色相一致，同时与相关研究中所报道的结果也非常一致，进一步验证了添加三金属复合氧载体对热解过程中焦油催化氧化转化提质具有重要作用。

(a) 石英砂　(b) 赤铁矿　(c) 赤铁矿/Ni精矿
　　　　　　 /Ni精矿　 /Cu精矿

图 5.12　采用不同氧载体条件下收集的热解焦油颜色

为了进一步掌握不同氧载体对于焦油组分的影响，我们对上述三种焦油进行了模拟蒸馏，结果如图 5.13 所示。图 5.13（a）为上述三种热解焦油模拟蒸馏曲线，沸点小于 210℃的焦油组分分数依次为：三金属复合氧载体＞双金属复合氧载体＞未添加氧载体。图 5.13（b）为三种热解焦油模拟蒸馏各组分含量对比，具体各组分按沸点命名规则见图 5.13（b）中的表格。由图 5.13（b）可知，采用三金属复合氧载体条件下的轻油质量分数明显高于其他两种条件下的轻油质量分数，达到 63.09％，而不添加任何氧载体条件下的轻油产率仅为 33.92％。这主要是由于随着三金属氧载体的加入，其中铜精矿组分在高温条件下释放形成气态氧，使焦油中更多的重质焦油组分发生氧化反应，分解形成气体产物及轻质焦油，对应的轻质焦油产率分别由 2.89％升高至 13.42％和 7.29％。最为明显的是，在加入双金属和三金属复合氧载体情况下，焦油中的蒽油和沥青质量分数大幅度降低。其中，蒽油质量分数由未添加氧载体时的 23.05％分别降低至 6.18％和 3.51％；沥青油质量分数由未添加氧载体时的 28.10％分别降低至 15.99％和 5.25％。正是由于高沸点的蒽油和沥青质在焦油中所占比例大幅度降低，因此热解焦油中的萘油、洗油以及酚油质量分数增大。添加不同的氧载体条件下，焦油蒸馏组分产生明显变化，一方面是由于重质焦油与氧载体在高温条件下释放的气态氧发生氧化反应而形成气体产物及轻质焦油，另一方面是由于氧载体本身具有对重质焦油的催化裂解作用。此外，上述结果表明，无论采用双金属复合氧载体还是三金属复合氧载体，热解过程中氧载体对于焦油的催化氧化都没有彻底脱除焦油中的重质组分，这表明从通过热解较大程度上脱除焦油中重质组成、生产轻质化燃料气体的角度来看，进一步优化催化氧化工艺是非常必要的。

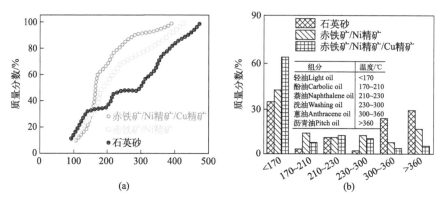

图 5.13　采用不同氧载体条件下收集的热解焦油模拟蒸馏组分分布

图 5.14 为采用不同氧载体条件下收集的热解焦油的 GC-MS 分析图谱。由图 5.14（a）可以看出，热解焦油组分中主要含有多环芳烃，包括蒽、菲、荧蒽等。进一步分析发现，随着双金属氧载体的加入，焦油中的小分子物质明显增多，多环芳烃含量明显下降，但焦油中所含物质种类显著减少，特别是当三金属氧载体加入到反应器中时，热解焦油中重组分降低得更加明显，焦油中苯、苯酚、萘离子峰相对强度更大，这说明重质组分更容易吸附在三金属复合氧载体的表面或活性点位上。这主要是由于三金属复合氧载体中的铜氧化物和镍氧化物中的氧参与了整个挥发分的催化氧化裂解反应，导致焦油中重组分发生催化氧化裂解。这实际上是通过添加三金属复合氧载体延长了热解挥发分在氧载体表面的停留时间，使焦油得到更彻底的催化转化，生成更多的轻质焦油产物以及气体组分，此外还有一部分在氧载体表面形成积炭。因此，由于焦油中重组分的催化裂解，也促进了更轻焦油和气体产物的形成。与未添加氧载体热解形成的焦油相比，催化裂化焦油中苯、酚、萘等小分子的离子峰相对强度

增大。对添加不同热解氧载体后热解的焦油进行 GC-MS 分析，对焦油中苯系物和酚类物进行统计分类，结果如图 5.15 所示。对比添加双金属氧载体和三金属复合氧载体后热解焦油中各组分分布可知，添加三金属复合氧载体后，热解焦油中的苯、甲苯以及二甲苯相对含量更高。例如，添加双金属和三金属复合氧载体后热解焦油中的苯相对含量由原来的 3.78％分别升高至 4.32％和 4.44％。相关研究结果表明，催化热解制备的芳香烃化合物，主要是由煤中多环芳香烃催化转化生成的呋喃类化合物和聚烯烃热解的链状烯烃产物通过双烯合成转化获得，且对于生成目标产物——轻质芳香烃类化合物而言，链状烯烃和呋喃类化合物是催化热解过程中的关键协同物质。

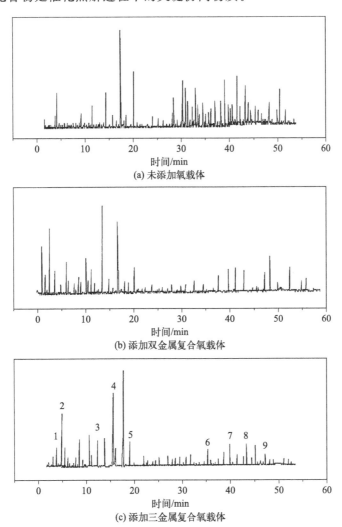

(a) 未添加氧载体

(b) 添加双金属复合氧载体

(c) 添加三金属复合氧载体

图 5.14　采用不同氧载体条件下收集的热解焦油的 GC-MS 分析图谱
1—苯；2—苯酚；3—萘；4—苯乙酮；5—蒽；6—菲；7—芘；8—甲基菲；9—荧蒽

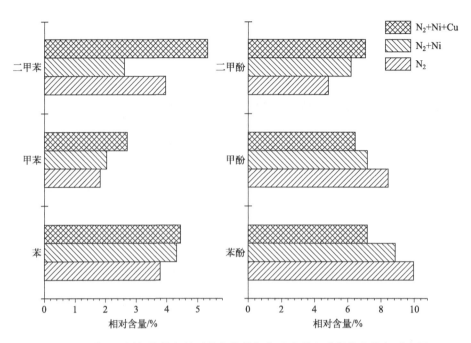

图 5.15 采用不同氧载体条件下收集的热解焦油中苯和酚类化合物相对含量

此外，三金属复合氧载体的热解焦油中苯系物含量高于双金属氧载体热解焦油中的苯系物含量，但双金属复合氧载体的热解焦油中二甲苯含量略低于不添加氧载体的热解焦油中的二甲苯含量，分别为 2.62% 和 3.97%。而对于不添加氧载体的热解焦油而言，双金属氧载体热解焦油中的苯、甲苯含量高于不添加氧载体的热解焦油，三金属复合氧载体的热解焦油中苯系物含量最大，合计为 12.47%。这表明三金属复合氧载体中铜精矿的加入对焦油中重质组分的催化裂解生成苯系物起到很大作用。对于在不同氧载体条件下收集的热解焦油中的酚类物而言，不添加氧载体的热解焦油中苯酚含量为 9.93%，而添加双金属和三金属复合氧载体后热解焦油中的苯酚含量分别为 8.78% 和 7.17%。这说明在催化氧化热解过程中，挥发分经过氧载体催化氧化活性位点，特别是被氧载体中的活性位吸附可促使焦油中酚类化合物裂解生成苯酚，其中添加三金属复合氧载体后，苯酚类化合物在反应过程中被氧载体中的金属活性位点所吸附，发生分解，导致苯酚相对含量降低。

通过对比不添加/添加氧载体后热解焦油中的酚类物含量可知，不添加氧载体的热解焦油的酚类物总体相对含量最大，达到 16.97%；而双金属氧载体焦油中的酚类物相对含量则小于三金属氧载体。这可能是由于在添加三金属氧载体的实验中，热解产生的挥发分与三金属氧载体中的 Cu 更容易发生催化裂解反应，同时三金属氧载体在反应过程中释放的氧参与重质焦油的催化氧化裂解，对挥发分中的酚类物形成具有促进作用。

## 5.5 半焦气化反应性

考虑到不同氧载体对热解反应过程影响不同，有必要弄清楚挥发分催化氧化过程中形成的半焦的气化反应性变化规律。因此，为了对比氧载体对共热解半焦的气化反应活性的影响，对添加不同氧载体后的半焦在 $CO_2$ 气氛下的气化反应活性进行对比。图 5.16 为碳转化率（$x$）和气化反应速率（$R$）与温度（$T$）的关系图。由图 5.16（a）可知，在气化反应初期，氧载体就对碳转化率具有较强的影响，三条转化率-气化反应时间的曲线存在明显差异。与未添加氧载体的热解半焦相比，添加氧载体的热解半焦具有较高的气化反应速率。反应性发生变化的可能原因是添加氧载体的热解半焦中孔表面积的增加，导致有效的气化表面积增大，更有可能是由于半焦中的氧载体在气化反应过程中起到催化作用。通过对三种半焦进行比表面积和孔隙度分析发现，三种热解半焦的比表面积分别为 $89.32\mathrm{m}^2/\mathrm{g}$、$93.93\mathrm{m}^2/\mathrm{g}$、$101.09\mathrm{m}^2/\mathrm{g}$，三者相差较小。由图 5.16（b）可知，随着反应时间的延长，三金属复合氧载体对气化反应速率的影响明显较大，当碳转化率小于 0.2 时，添加不同氧载体的半焦气化反应速率差别并不明显。但随着碳转化率的增大，添加不同氧载体的半焦气化反应速率有明显差异，其中添加三金属复合氧载体的半焦的气化反应速率在转化率为 0.4 时达到最大，为 $0.53\mathrm{min}^{-1}$。总体而言，当转化率相等时，添加三金属复合氧载体的热解半焦具有更大的气化反应活性。这主要是由于在高温下，氧载体中存在的 Cu、Ni 元素对于 $CO_2$ 分解形成 CO 与活性氧原子，以及随后活性氧原子与碳发生气化反应具有催化作用。

此外，三金属复合氧载体对于半焦气化的催化作用强于双金属复合氧载体，这主要是由于与 Ni 相比，Cu 元素更能降低 $CO_2$ 与 C 气化反应的活化能。相关研究表明，由于 Cu 与 Ni 的晶格尺寸不匹配［铜的平衡晶格常数：$a_0$（Cu）$=0.362\mathrm{nm}$］，表面分离的 Cu 原子优先占据 Ni 的晶格位点。此外，在整个研究过程中，两种氧载体都表现出了稳定的催化活性，这可归因于氧载体的表面含有 Ni、Cu 催化活性中心点位数量较多。与双金属氧载体相比，在 Cu、Ni、Fe 元素组成的三金属复合氧载体中，相当于在双金属氧载体中增加了 Cu 元素。在氧载体中 Cu 的表面能低于 Ni，意味着 Cu 在氧载体表面更容易富集，导致 Ni-Cu-Fe 三金属复合氧载体颗粒表面 Cu 优先析出而形成晶相。

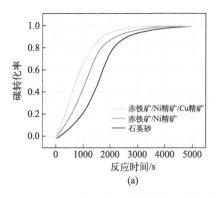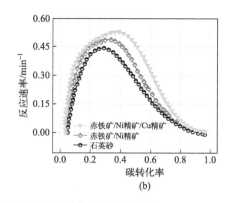

图 5.16   采用不同氧载体条件下热解半焦的气化反应活性对比

相关研究显示，在重整反应过程中，催化剂中若 Cu 过量，在催化剂表面易形成 Cu 团簇，导致在反应过程中 Cu 团簇表面易形成积炭。从理论上讲，催化剂表面形成积炭使催化剂的催化性能降低。但在本研究中，三金属氧载体对于提高碳的气化反应活性具有明显的催化作用，且明显高于双金属氧载体。这可能是由于 Ni-Cu-Fe 三金属复合氧载体中的 Ni-Cu 合金化对 $CO_2$ 中碳氧化学键的分解提供了活性中心，促进了可还原氧的生成，促进了碳的气化，进而提高了碳与 $CO_2$ 发生反应生成 CO 的速率。其中，三金属复合氧载体中 Ni-Cu-Fe 合金化对 $CO_2$ 中 C=O 双键解离的催化作用可能与 Cu 原子占据 Ni 边缘和扭结位点有关，这些位点对于 Cu 原子促进 C=O 化学键的分解具有很高的催化活性。总体而言，在 Ni-Cu-Fe 三金属复合氧载体表面生成碳与碳气化之间保持平衡，这可以减少积炭并提高催化气化反应的稳定性。

## 5.6   本章小结

本章主要研究了氧载体组成对热解产物分布规律的影响，通过采用热重分析仪对比研究了三种精矿不同比例条件下制备成的氧载体失重规律。通过采用 XPS 研究了不同氧化、还原时间条件下，氧载体中晶格氧及氧空位含量的变化。通过采用固定床反应器对比研究了热解气体产物产率及组成，以及通入水蒸气对气体产物分布规律影响。通过采用 TG-MS 研究了不添加任何矿物、添加仅由赤铁矿及镍精矿组成的氧载体，以及添加由赤铁矿、铜精矿和镍精矿组成的三金属复合氧载体后气体产物释放规律。通过采用模拟蒸馏等手段研究了热解焦油中组分分布、轻质焦油变化规律，并对氧载体组成催化氧化提质焦油机理进行分析讨论。得出如下结论：

① 随着氧载体中铜精矿和镍精矿比例增大，放出热量能力增强，进而使铜精矿和镍精矿两矿石发生化学反应，形成更多的挥发性气体产物并释放。多金属组成的氧载体中增大氧化铜矿所占比例将有助于提高氧的释放速率，增大后续反应速率。由于氧载体中存在的氧化铜、氧化镍矿与赤铁矿（$Fe_2O_3$）之间发生热转化协同作用，氧载体中随着氧化铜和氧化镍矿质量分数增大，失重率并未随之等比例线性增加，而是 ♯1～♯11 氧载体失重率呈现非线性增大趋势。从吸热和放热反应角度来看，理论上可以通过调节氧载体中赤铁矿、铜精矿、镍精矿三者之间的比例实现反应器中的热平衡，可以更容易地控制反应系统中的温度，有利于氧载体中氧释放及负载的操作灵活性。

② 氧载体中的氧发生转移的反应表现为晶格氧的逐渐消耗和相应的氧空位的增加。氧载体的还原反应过程中发生物相转变，使氧载体中的晶格氧可活化为氧空位。与 Cu 和 Ni 相比，Fe 的化学反应活性更高。在还原反应与氧化反应时间相同的情况下，氧空位在氧化条件下补充氧的能力小于还原反应过程中失去氧的能力。由于在还原反应过程中，铜精矿与镍精矿在高温条件下发生反应，在此过程中放热，在还原气氛下促使更多的氧释放。

③ 随着热解温度升高，$H_2$ 产率的增大最为明显，CO 次之，其他三种气体（$CH_4$、$CO_2$ 以及 $C_2H_4$）产率呈现出相似的变化规律。由于氧载体的加入，$H_2$ 与 $O_2$ 发生反应形成 $H_2O$，促使 $H_2$ 产率降低。随着氧载体中的铜精矿和镍精矿比例增大，热解过程中氧载体释放出 $O_2$ 量增大，进而促进存在的可燃气体以及固体半焦发生氧化反应，生成 CO 和 $CO_2$。铜氧化物和镍氧化物中的氧几乎参与了整个挥发分的催化氧化裂解反应，直接证明了铜氧化物和镍氧化物中的氧在气体形成方面表现出较高的催化氧化性能。由于氧载体中的铜氧化物和镍氧化物的还原温度较低，含有铜氧化物和镍氧化物比例较高的氧载体中的氧具有较高的反应活性。

④ 水蒸气的加入使半焦产率从 57.43％降低至 42.24％，而加入氧载体后，半焦产率仅从 57.43％降低至 50.33％，氧载体对于诱发半焦产率变化的程度小于水蒸气。由于氧载体 Fe20-Cu40-Ni40（♯9）的加入，在反应过程中，细小半焦颗粒发生燃烧，半焦的内部孔隙发生坍塌，使微孔变得更加明显。在水蒸气的进一步作用下，半焦中的碳颗粒与水蒸气发生气化反应，产生大量微孔，表面形成海绵状结构。

⑤ TG-MS 结果表明：随着含有赤铁矿和镍精矿的氧载体的加入，在 600℃、680℃、720℃分别出现 $CO_2$ 峰，而此时 CO 呈逐渐降低的变化趋势，热解气体产物 CO 发生从不完全氧化向完全氧化生成 $CO_2$ 的转变。整体而言，

氧载体的加入促进了 CO 和 $H_2$ 与氧气的反应，导致 $CO_2$ 离子峰强度明显高于其他气体产物。三种金属复合氧载体对原料热解具有催化作用，但形成三种金属复合氧载体对温度较为敏感，其中在 $600 \sim 800\,℃$ 氧载体对原料热解具有催化作用，超过 $800\,℃$ 有烧结现象出现，催化作用降低。

⑥ 模拟蒸馏结果表明：三金属氧载体中铜精矿组分在高温条件下释放形成气态氧，使焦油中更多的重质焦油组分发生氧化反应，分解形成气体产物及轻质焦油，对应的轻质焦油产率分别由 2.89% 升高至 13.42%（双金属氧载体）和 7.29%（三金属氧载体）。双金属氧载体的加入，使焦油中的小分子物质增多，多环芳烃含量下降，但焦油中所含物质种类显著减少，而三金属氧载体对热解焦油中重组分降低影响更为显著，焦油中苯、苯酚、萘离子峰相对强度更大。

⑦ 与未添加氧载体的热解半焦相比，添加氧载体的热解半焦具有较高的气化反应速率。三金属复合氧载体对气化反应速率影响明显较大。但随着碳转化率的增大，添加不同氧载体的半焦气化反应速率呈明显差异，其中添加三金属复合氧载体的半焦的气化反应速率在转化率为 0.4 时达到最大，为 $0.53\,min^{-1}$。由于 Ni-Cu-Fe 三金属复合氧载体中的 Ni-Cu 合金化对 $CO_2$ 中碳氧化学键的分解提供了活性中心，促进了可还原氧的生成和碳气化，提高了碳与 $CO_2$ 发生反应生成 CO 的速率。

第**6**章

# 褐煤基活性炭对氰化物废水吸附特性研究

## 6.1 半焦基活性炭制备

以前述褐煤为原料制备活性炭。将以水热处理和采用四氢化萘处理的提质褐煤与 $ZnCl_2$ 按等质量比在研钵中混合均匀，加去离子水后磁力搅拌 30min。将上述混合物在 95℃ 马弗炉中干燥 10h，获得浸渍煤样。采用固定床反应器对浸渍煤样在 $N_2$ 气氛（100mL/min）下热解，以 20℃/min 的升温速率将浸渍样品加热至预设温度后，停留 1h 进行热解活化，随后在 $N_2$ 流下冷却所得产物。加入过量的 0.5mol/L 盐酸对所制备的活化半焦进行酸洗（磁力搅拌、反应温度为 50℃、反应时间为 3h），随后对样品进行抽滤、洗涤，直到滤液与 $AgNO_3$ 不发生任何反应时停止，继续加去离子水冲洗。最后，将样品在 95℃ 下干燥 12h，并研磨至 150 目大小进行筛分，筛下物为合格活性炭，用于后续吸附实验。其中，以水热处理的褐煤为基础制备的活性炭代号为 XLW-AC，以四氢化萘处理的煤样为基础制备的活性炭代号为 XLT-AC。在不单独指定制备活性炭的条件下，下文中所称的活性炭均是指两种不同条件下制备的活性炭，为了省略制备的实验步骤，两种基础活性炭在进行负磁前代号为 X-AC。

磁性活性炭制备：将上述制备好的活性炭在 80℃ 下用硝酸改性 5h，随后进行过滤、干燥。将 40mL 含 8g Fe $(NO_3)_3$·$9H_2O$ 的水溶液和 1g X-AC 混合，置于超声水浴中分散 3h，随后进行过滤、110℃ 干燥，得固体产物。采用固定床反应器对上述固体产物进行氮气气氛下 800℃ 干燥 2h。待反应结束并冷却至室温后，获得固体产物代号为 X-AC@Fe，其中以水热处理的褐煤为基础制备的负磁活性炭代号为 XLW-AC@Fe，以四氢化萘处理的煤样为基础制备的负磁活性炭代号为 XLT-AC@Fe。

此外，为了对比褐煤基活性炭的吸附特性，本研究选择了两种商业活性炭来进行氰化物吸附实验。第一种为颗粒状果壳活性炭，选用椰壳为原料，采用碳化、活化、过热蒸气催化改性等工艺制成，亚甲基蓝吸附值为 120mL/g，碘吸附值为 950mg/g，粒度为 8～16 目，其代号为 SAC-1。第二种为粉状活性炭，以木屑为原料，以氯化锌、磷酸为活化剂，经碳化制成，亚甲基蓝吸附值为 150mL/g，碘吸附值为 900mg/g，粒度为 150～200 目，其代号为 SAC-2。

# 6.2　活性炭表征与分析

## 6.2.1　活性炭孔结构分析

褐煤半焦活化和磁化之后，本节重点研究了活性炭和磁性活性炭的多孔结构及磁性特征。通过检索文献发现，近年来关于褐煤基磁性活性炭的合成与表征的研究呈现快速增长的变化趋势。图 6.1 为提质褐煤半焦基活性炭与商业活性炭的氮气吸附-脱附等温线对比。由图 6.1 可知，随着氮气相对压强的逐渐增大，无论是提质褐煤半焦基活性炭还是商业活性炭，它们的氮气吸附量都逐渐增大，这是典型的固体材料中含有微孔时的吸附曲线形状。等温线变化趋势表明，提质褐煤半焦基活性炭与商业活性炭具有较高的吸附性能以及丰富的微孔结构。

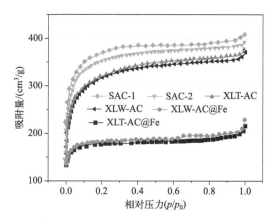

图 6.1　提质褐煤半焦基活性炭与商业活性炭的氮气吸附-脱附等温线

此外，图 6.1 表明两种磁性活性炭 XLT/W-AC@Fe 对氮气的吸附量比普通褐煤基活性炭以及商业活性炭要低。进一步分析发现，XLT-AC@Fe 以及 XLW-AC@Fe 活性炭氮气吸附量随着相对压力的变化，吸附量在 $0\sim200\mathrm{cm}^3/\mathrm{g}$ 范围内，而未负载 Fe 的普通活性炭 XLT-AC 和 XLW-AC 的吸附量在 $0\sim350\mathrm{cm}^3/\mathrm{g}$ 范围内变化，远高于磁性活性炭；而商业活性炭 SAC-1（椰壳质活性炭）对氮气的吸附量最大，在 $0\sim400\mathrm{cm}^3/\mathrm{g}$ 范围内变化，SAC-2 次之。由以上数据分析可知，与普通褐煤基 XLT-AC 和 XLW-AC 相比，浸渍氧化铁在磁性活性炭 XLT/W-AC@Fe 内部孔隙中吸附，阻碍了 $N_2$ 分子在内空隙表面的吸附，因此其吸附容量降低。磁性活性炭 XLT/W-AC@Fe 以及普通褐煤基活性炭 XLT/W-AC 的 $N_2$ 吸附等温线可归类为Ⅰ型和Ⅳ型等温线与 $H_4$ 型滞回曲线的组合，这表明褐煤基活性炭中的孔隙分布以二维窄缝孔隙以及三维空间交联的孔隙特征分布为主。

由图 6.1 中还可以看出，在相对压力 $p/p_0$ 较低时，$N_2$ 分子在微孔中以单层吸附为主，而相对压力 $p/p_0$ 较高时，$N_2$ 分子主要吸附于活性炭的中孔中而且以双分子层吸附为主，而滞回曲线点出现在 $p/p_0$ 取 $0\sim0.50$ 范围内，这主要是由于活性炭中的比表面积高以及相互连接的分层多孔结构产生缩聚现象。

一般而言，与普通活性炭相比，磁性活性炭孔容积及比表面积分布趋势与之类似。表 6.1 所示为提质褐煤半焦基活性炭与商业活性炭比表面积及孔隙度分布。由表 6.1 可知，提质褐煤半焦基活性炭 XLW-AC 和 XLT-AC 的比表面积分别为 $880\mathrm{m}^2/\mathrm{g}$ 和 $939\mathrm{m}^2/\mathrm{g}$，而磁性活性炭 XLW-AC@Fe 和 XLT-AC@Fe 的比表面积呈降低的变化趋势，分别达到 $775\mathrm{m}^2/\mathrm{g}$ 和 $790\mathrm{m}^2/\mathrm{g}$。此外，比表面积呈现较大值的两种商业活性炭中，椰壳质活性炭 SAC-1 的比表面积略大于木屑质活性炭 SAC-2，二者分别为 $930\mathrm{m}^2/\mathrm{g}$ 和 $910\mathrm{m}^2/\mathrm{g}$。这主要是由于以提质褐煤为原料制备的活性炭中含有大量的微孔结构，微孔平均直径在 $2\sim2.5\mathrm{nm}$，表明褐煤基活性炭微孔是它的主要特征。

表 6.1　提质褐煤半焦基活性炭与商业活性炭比表面积及孔隙度分布

| 样品 | BET 比表面积 /(m²/g) | 微孔表面积 /(m²/g) | 微孔体积 /(cm³/g) | BET 平均吸附孔径/nm |
|---|---|---|---|---|
| XLW-AC | 880 | 825 | 0.48 | 2.34 |
| XLT-AC | 939 | 843 | 0.51 | 2.46 |
| XLW-AC@ Fe | 775 | 612 | 0.32 | 2.11 |
| XLT-AC@ Fe | 790 | 647 | 0.27 | 2.19 |
| SAC-1 | 930 | 885 | 0.56 | 2.47 |
| SAC-2 | 910 | 869 | 0.54 | 2.44 |

通过对比数据发现，采用四氢化萘处理的褐煤作为原料制备的磁性活性炭 XLT-AC@Fe 的比表面积略高于 XLW-AC@Fe。这主要是由于采用四氢化萘处理煤样过程中四氢化萘分子进入到褐煤的大分子结构中，促使褐煤发生溶胀，内部孔隙度和体积增大，进而导致以提质褐煤为原料制备的磁性活性炭 XLT-AC@Fe 比表面积更大。但与活性炭 XLW-AC 和 XLT-AC 相比，XLW-AC@Fe 和 XLT-AC@Fe 的比表面积分别降低了 11.93% 和 15.87%。这可能是由于在 Fe 离子浸入到活性炭 XLW-AC 和 XLT-AC 基质过程中，在孔隙中内形成了氧化铁。

根据孔径结构分析可知，活性炭 XLW-AC 和 XLT-AC 的微孔表面积分别为 $825m^2/g$ 和 $843m^2/g$，对应的微孔体积 $0.48cm^3/g$ 和 $0.51cm^3/g$。而磁性活性炭 XLW-AC@Fe 和 XLT-AC@Fe 的上述孔隙结构参数在 Fe 离子浸入到活性炭基质中时，微孔表面积、微孔体积以及平均吸附孔径均有所降低，其中，磁性活性炭 XLW-AC@Fe 微孔体积最小，为 $0.27cm^3/g$。这表明 Fe 离子浸入到活性炭基质中后在孔隙结构内部形成固体颗粒，堵塞了孔隙结构，使磁性活性炭孔隙结构参数略有降低。总体而言，由于浸渍的铁氧化物覆盖到活性炭表面或沉积在内部孔隙结构中，XLW-AC@Fe 和 XLT-AC@Fe 活性炭的总孔体积和微孔体积相比 XLW-AC 和 XLT-AC 分别减少了 11.93% 和 15.88%，但磁性活性炭仍然保留了较高的比表面积以及微孔体积，以此来保证对于氰根离子等污染物的吸附。

## 6.2.2 活性炭 XRD 分析

图 6.2 为提质褐煤半焦基活性炭与磁性活性炭 XRD 图谱。相关研究表明，煤质活性炭的主要结构是无定形的碳，在 10～30℃ 范围内有较宽的衍射峰。赤铁矿是一种具有六方致密结构的晶体固体；而磁铁矿是一种具有立方结构的倒尖晶石型晶体氧化物，具有两个对称性不相等的位置，即铁氧四面体和铁氧八面体结构。在 30.4°、35.8° 以及 43.5° 的衍射峰分别表示活性炭中结晶磁铁矿 220、311 以及 400 基面的特征峰。

由图 6.2 可知，与活性炭 XLW-AC 和 XLT-AC 相比，在磁性活性炭 XLW-AC@Fe 和 XLT-AC@Fe 的 XRD 图谱中出现面心立方体结构，即 $Fe_3O_4$ 的衍射峰，也观察到磁性活性炭中的磁铁矿（$Fe_3O_4$）具有较高的结晶度。在本研究中并未出现赤铁矿（$Fe_2O_3$）的衍射峰，这可能是由于在焙烧过程中赤铁矿（$Fe_2O_3$）在活性炭中仅作为中间相存在，在反应过程中赤铁矿（$Fe_2O_3$）与碳发生还原反应，生成 $Fe_3O_4$。根据 Debye-Scherrer 公式 $[D=$

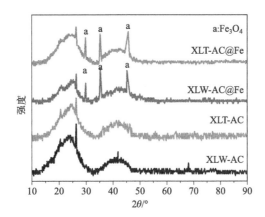

图 6.2　提质褐煤半焦基活性炭与磁性活性炭 XRD 图谱

$0.9\lambda/(\beta\cos\theta)]$[❶] 计算了活性炭中 $Fe_3O_4$ 的平均晶粒尺寸为 15nm。但需要说明的是，铁氧化物中另有一种为磁赤铁矿，它也具有倒尖晶石型的立方体结构，并且与磁铁矿（$Fe_3O_4$）的结构类似，不同之处在于它仅包含 Fe（Ⅲ）氧化物。

### 6.2.3　活性炭 Fe 物相对比

由于磁铁矿和磁赤铁矿之间结构的相似性，仅通过 XRD 很难明确区分磁铁矿相和磁赤铁矿相。因此，使用 XPS 光谱来区分这两个物相。图 6.3 为磁性活性炭中 Fe 相的 XPS 图谱及二级拟合曲线。由图 6.3（a）和（b）可知，在键能 708～709eV 范围内归属于 $Fe^0$ 的衍射峰并没有出现，这表明在磁性活

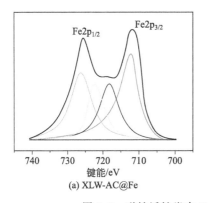

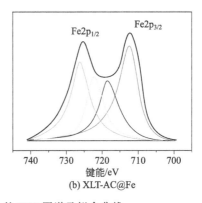

(a) XLW-AC@Fe　　　　　(b) XLT-AC@Fe

图 6.3　磁性活性炭中 Fe 的 XPS 图谱及拟合曲线

---

❶　式中，$\beta$ 为实测样品衍射峰半峰宽度或者积分宽度；$\theta$ 为布拉格角；$\lambda$ 为 X 射线波长。

性炭中不存在 $Fe^0$。但在 $711\sim713eV$（$Fe_{3/2}$）范围内存在归属于 $Fe^{3+}$ 和 $Fe^{2+}$ 的衍射峰，这说明在磁性活性炭中存在磁铁矿（$Fe_3O_4$）。另外，在 $723.4eV$ 和 $727.5eV$ 处得到两个衍射峰，这归属于赤铁矿（$\alpha\text{-}Fe_2O_3$）和磁赤铁矿（$\gamma\text{-}Fe_2O_3$），这似乎与得到的 XRD 衍射结果相矛盾。这可能是由于在熔烧过程中赤铁矿（$Fe_2O_3$）在活性炭中仅作为中间相存在，含量较低，在 XPS 光谱拟合曲线中可能存在一定误差。

### 6.2.4　活性炭磁性分析

图 6.4 为提质褐煤半焦基活性炭与磁性活性炭磁化强度与外加磁场的关系图。由图 6.4 可知，采用浸渍工艺使 $Fe(NO_3)_3 \cdot 9H_2O$ 的水溶液与褐煤基活性炭 X-AC 混合获得的磁性活性炭具有良好的磁性。具体数据显示，XLW-AC @Fe、XLT-AC @ Fe、XLW-AC 以及 XLT-AC 的饱和磁化强度分别为 $0.68emu/g$、$0.79emu/g$、$0.04emu/g$ 以及 $0.0009emu/g$。与活性炭 XLW-AC 相比，磁性活性炭 XLT-AC@Fe 的饱和磁化强度增大了 19.75 倍。但相关研究结果与此差异较大，例如：Cazetta 等人研究发现，活性炭材料与 $FeCl_3 \cdot 6H_2O$ 配比分别按 1∶1、1∶2、1∶3 制备的磁性活性炭，饱和磁化强度（$M_s$）分别为 $17.06emu/g$、$16.56emu/g$ 和 $28.69emu/g$，这与本研究所获得的饱和磁化强度相差很大。

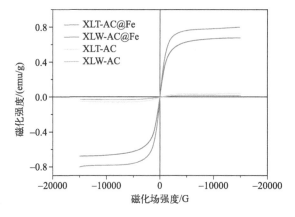

图 6.4　提质褐煤半焦基活性炭与磁性活性炭磁滞回线

扫码看彩图

类似研究中，获得的磁性活性炭饱和磁化强度也有与本研究相似的，例如：Mohan 等人研究发现，采用杏核为原料，在 25℃ 条件下制备的磁性活性炭的饱和磁化强度为 $4.47emu/g$。Zhu 等在 300K 时采用多孔碳材料同时进行活化和磁化所获得的磁性活性炭，其饱和磁化强度甚至更低，仅为 0.76emu/g。此外，Cui 等人通过研究发现，含有 $\gamma$-$Fe_2O_3$ 的碳空心球在室温下饱和磁化强度为 34.7emu/g。Nethaji 等制备出含有纳米 $Fe_3O_4$ 颗粒的玉米芯衍生活性炭的比表面积为 $143m^2$/g，其饱和磁化强度值为 48.43emu/g。

根据上述分析可知，不同材质的磁性活性炭，其饱和磁化强度差异很大，以生物质基活性炭为原料制备的磁性活性炭，其饱和磁化强度高于煤基活性炭。这可能是由于在生物质基活性炭活化造孔过程中，内部形成的孔隙及表面分布的官能团更容易吸附 Fe 离子，使其磁化过程中饱和磁化强度更大。根据活性炭的磁滞回线变化规律，在吸附污染物后，可采用磁选方法对溶液中的磁性活性炭进行磁性物的分离。此外，发现磁性活性炭 XLW-AC@Fe 和 XLT-AC@Fe 的剩余磁化强度分别为 0.034emu/g 和 0.022emu/g，非常接近零，这表明磁性活性炭在室温下为顺磁性材料。

## 6.2.5 活性炭形貌分析

图 6.5 为提质褐煤半焦基活性炭以及磁性活性炭的 SEM 图。对比图 6.5 (a) 和 (b) 发现，活性炭 XLT-AC 和 XLW-AC 存在明显的孔洞结构，其中 XLT-AC 形成的孔洞结构更为明显，而 XLW-AC 表面虽然也存在孔洞结构，但表面有絮状体存在。这说明采用四氢化萘处理煤样产生的溶胀现象对后续活性炭中孔隙的形成具有促进作用。与之形成对比的是，磁性活性炭 XLT-AC@Fe 和 XLW-AC@Fe 的 SEM 图并未显示出丰富的孔洞结构。

在图 6.5 (c) 和 (d) 所示样品的 SEM 图像中观察到颗粒表面呈致密状，覆盖了一层微粒，这可能是由于在 Fe 浸渍后焙烧的过程中，在铁矿石表面产生了铁氧化物，对原有的孔隙结构有所覆盖。磁性活性炭 XLT-AC@Fe 和 XLW-AC@Fe 的表面铁氧化物含量分别为 12.34% 和 10.09%。

图 6.6 为提质褐煤半焦基活性炭与磁性活性炭的 TEM 图。对比图 6.6 (a) 和 (c) 可知，在磁性活性炭 XLT-AC@Fe 的 TEM 图片中可观察到清晰的晶格条纹，间距为 0.45~0.54nm，这些间距归属于先前检测到的 $Fe_3O_4$ 纳米粒子中立方体磁铁矿的 (111) 平面结构。此外，在磁性活性炭 XLT-AC@Fe 的 TEM 图中还可以观察到聚集的磁铁矿（$Fe_3O_4$）颗粒（三角标记处），而在 XLT-AC 活性炭的 TEM 图中并未发现聚集氧化铁颗粒，整个扫描图片显示均匀。对比图 6.6 (b) 和 (d) 发现，磁性活性炭 XLW-AC@Fe 中存在聚集的磁铁矿（$Fe_3O_4$）颗粒，但在磁性活性炭 XLW-AC@Fe 中磁铁矿（$Fe_3O_4$）颗粒含量高于 XLW-AC。此外，由磁性活性炭的 TEM 图可知，

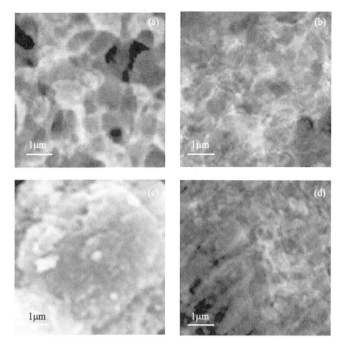

图 6.5　提质褐煤半焦基活性炭与磁性活性炭的 SEM 图
（a）XLT-AC；（b）XLW-AC；（c）XLT-AC@Fe；（d）XLW-AC@Fe

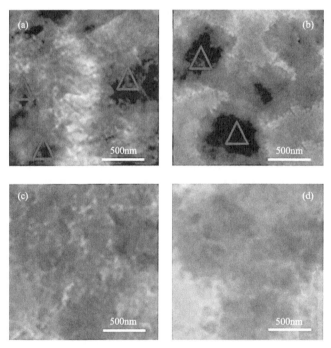

图 6.6　提质褐煤半焦基活性炭与磁性活性炭的 TEM 图
（a）XLT-AC@Fe；（b）XLW-AC@Fe；（c）XLT-AC；（d）XLW-AC

由于磁铁矿（$Fe_3O_4$）颗粒的存在，堵塞了活性炭的内部孔隙。这主要是由于 $Fe(NO_3)_3 \cdot 9H_2O$ 的水溶液与 X-AC 反应过程中通过水解反应形成 FeOOH，吸附于活性炭表面及内部孔隙。该过程通过不同的基本反应步骤，形成单核、双核和多核氢氧化铁等物质，具体反应如式（6.1）~式（6.7）所示。

$$Fe(NO_3)_3 \cdot 6H_2O_{(s)} \longrightarrow Fe^{3+}_{(aq)} + 3NO^-_{3(aq)} \tag{6.1}$$

$$Fe^{3+}_{(aq)} + H_2O \rightleftharpoons FeOH^{2+}_{(aq)} + H^+_{(aq)} \tag{6.2}$$

$$Fe(OH)^{2+}_{(aq)} + H_2O \rightleftharpoons Fe(OH)^+_{2(aq)} + H^+_{(aq)} \tag{6.3}$$

$$Fe(OH)^+_{2(aq)} + H_2O \rightleftharpoons Fe(OH)_{3(aq)} + H^+_{(aq)} \tag{6.4}$$

$$Fe(OH)_{3(aq)} \longrightarrow Fe(OH)_{3(s)} + H_2O \uparrow (110℃加热) \tag{6.5}$$

$$Fe(OH)_{3(s)} \longrightarrow Fe_2O_{3(s)} + H_2O \uparrow (200℃加热) \tag{6.6}$$

$$Fe_2O_{3(s)} + C_{(s)} \longrightarrow Fe_3O_{4(s)} + H_2O \uparrow (567℃加热) \tag{6.7}$$

在式（6.1）~式（6.7）生成铁氧化物的反应过程中，实际上溶液的 pH 值决定了水介质中主要的 $Fe^{3+}$ 的种类。对于式（6.1）、式（6.2）而言，$Fe^{3+}$、$FeOH^{2+}$ 的生成主要发生在 $Fe(NO_3)_3 \cdot 6H_2O$ 水溶液与褐煤半焦混合的初始阶段，在该阶段发生 $Fe(NO_3)_3$ 水热形成的 $Fe^{3+}$ 与溶液中存在的 $OH^-$ 形成不同种类的氢氧化铁离子和胶体粒子。而对于式（6.2）~式（6.4）而言，整个反应过程非常迅速，氢氧化铁离子既是反应物又是生成物，在反应过程中形成可使化学反应达到平衡状态下共存的多种氢氧化铁离子。当所得混合溶液置于 110℃ 的烘箱中时，$Fe(OH)_3$ 溶液中水蒸发，导致可溶性氢氧化铁转化为针铁矿固体。根据式（6.6）可知，上述针铁矿固体在惰性气氛下进一步加热至 200℃，针铁矿中结晶水脱除，针铁矿转化为磁赤铁矿（$\gamma\text{-}Fe_2O_3$）。随着反应温度的升高，活性炭中的磁赤铁矿（$\gamma\text{-}Fe_2O_3$）发生物相转化和重组，形成赤铁矿。随着反应的继续进行，当温度大于 567℃ 时，赤铁矿与碳发生还原反应，铁矿物发生结构变化并生成含氧化铁和碳的混合物。对于式（6.7）而言，由于在本研究中采用浸渍法使 $Fe(NO_3)_3 \cdot 6H_2O$ 水溶液与褐煤半焦混合，随后加热干燥、焙烧，因此赤铁矿（$\gamma\text{-}Fe_2O_3$）与碳发生直接还原反应，赤铁矿转化为磁铁矿，特别是在反应过程中生成 CO 后，迅速被消耗，这实际上是生成的 CO 与 $Fe_2O_3$ 发生间接还原反应生成 $Fe_3O_4$。

Cazetta 通过对合成生物质废料制备磁性活性炭研究认为，活性炭的磁化过程是活性炭比表面积增大的有效方法，发现原始活性炭在负磁之后比表面积增大了 60 倍，这主要是由于在式（6.7）中，C（s）转化生成 CO（g），活性炭内部生成孔隙，因此原始活性炭的比表面积小于磁性活性炭。本研究中，磁性活性炭的比表面积随着 $Fe_3O_4$ 的生成而逐渐降低，Cazetta 的研究结果似乎与本研究中所得到的规律相反。这可能是由于在本研究中选择以提质褐煤制备活性炭，而上述实验原料为生物质废弃物，原料的差异可能是比表面积发生显著变化的原因。另外，需要说明的是，C（s）与 $CO_2$ 反应才可能转化生成 CO（g），而在实际反应过程中由于有 $N_2$ 作为保护气，反应形成的 $CO_2$ 经 $N_2$ 气流被带走，实际 C（s）与 $CO_2$ 反应较弱。因此，产生上述现象主要是由于原料的差异最终导致比表面积产生显著差异。采用 XRD、XPS、SEM 以及 TEM 对活性炭进行表征及分析，所得到的结论基本一致：在磁性活性炭 XLT-AC@Fe 以及 XLW-AC@Fe 中均检测到 Fe 的存在，其中采用浸渍方法将 XLW/T-AC 改性为 XLW/T-AC@Fe 后，Fe 含量明显增加，但采用四氢化萘处理煤样作为原料制备形成的磁性活性炭中的 Fe 含量略高。其中，采用 XRD 对活性炭分析发现，Fe 的衍射峰强度相差较小，但对于磁性活性炭中的磁铁矿相和磁赤铁矿相是否存在并不能判定。

因此，使用 XPS 光谱来区分这两种物相从而进行判别。这种分析检测技术差异归因于分析的基本理论不同：XPS 提供的是样品表面特定区域附近的化合物的元素组成和含量、化学状态、分子结构、化学键方面的信息；而 XRD 是由不同原子散射的 X 射线相互干涉，在某些特殊方向上产生强 X 射线衍射，衍射线在空间分布的方位和强度存在差异，最终提供的是样品中存在的晶体结构。因此，采用 XPS 对磁性活性炭 XLT/W-AC@Fe 进行分析检测时确定了其中的 Fe 主要以 Fe $2p_{1/2}$、Fe $2p_{3/2}$ 和 $Fe_3O_4$ 的形式存在。

## 6.3　pH 值的影响

### 6.3.1　pH 值对氰化物脱除率的影响

由于溶液的 pH 值既影响吸附质的形态，同时也影响活性炭的表面电荷分布，对活性炭的吸附电位有显著影响，因此研究 pH 值对氰化物脱除率的影响也有助于了解活性炭对氰根离子的吸附机理。由于溶液 pH 值对氰化物吸附效率有很大影响，因此本研究中选择 pH 值下限为 5.2，这样可使活性炭中的 $Fe_3O_4$ 保持磁性稳定。图 6.7 所示为不同 pH 值条件下活性炭对氰化物的脱除率，整体而言，pH 值对氰化物脱除率有显著影响。

由图 6.7（a）可知，当氰化物浓度为 100mg/L 时，磁性活性炭 XLW-AC@Fe 和 XLT-AC@Fe 对于氰化物的吸附量显著大于活性炭 XLW-AC 和 XLT-

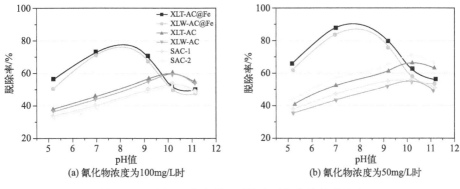

图 6.7　不同 pH 值条件下活性炭对氰化物的脱除率

AC。当 pH 值为 5.2 时，磁性活性炭 XLW-AC@Fe 和 XLT-AC@Fe 对于氰化物的脱除率分别达到 55.79% 和 50.82%。随着 pH 值的增大，XLW-AC@Fe 和 XLT-AC@Fe 对于氰化物的脱除率呈现先升高后降低的变化趋势。当 pH 值大于 8 时，二者对于氰化物的脱除率呈降低趋势；当 pH 值为 11.1 时，脱除率由 pH 值为 9.2 时的 69.6%、67.2% 分别降低至 49.6% 和 47.8%。可以看出，当溶液中的 pH 值处于酸性条件下时，磁性活性炭对于氰化物的脱除率始终维持在较高的水平；与之相反，商业活性炭 SAC-1、SAC-2，以及 XLW-AC 和 XLT-AC 在酸性条件下对于氰化物的脱除率较低，处于 35%～45% 范围内。这主要是由于磁性活性炭中铁氧化物进入活性炭的孔隙通道内或位于活性炭表面上，在 pH 较低的条件下形成活性位点（Fe—OH），类似的活性位点对于水中的 $CN^-$ 具有很强的静电吸附作用，相关的吸附过程：$Fe_s$—$OH^{2+}+CN^- \Longleftrightarrow Fe_s$—$OH^{2+} \cdots CN^-$。但在现有条件下，静电吸附对于氰化物的脱除有所影响，但可能不是全部。在酸性条件下，也可能发生了离子交换反应，在溶液中形成的针铁矿络合物水解形成的 $OH^-$ 被 $CN^-$ 所取代，形成 FeCN，吸附在活性炭的活性位点上，进而导致溶液中的氰化物浓度降低，脱除率增大。

此外，相关研究表明，在碱性条件下（pH 值大于 9），采用 Cu、Ag 等过渡金属浸渍活性炭，由于化学吸附和氰化物的催化氧化，制备的活性炭对于氰化物的吸附性能有所增强。特别是在 pH 值为 10 时，电离形成的 $Fe^{3+}$ 可与 $CN^-$ 通过形成复杂的铁氰络合物 $Fe(CN)_6^{3-}$ 和 $Fe(CN)_6^{4-}$ 来脱除溶液中的氰化物。整体而言，当 pH 值处于 7～8 范围内，磁性活性炭对于溶液中氰化物的脱除率最大。

进一步分析发现，提质褐煤基活性炭 XLW-AC 和 XLT-AC 对于氰化物的脱除率略高于商业活性炭 SAC-1 和 SAC-2。当 pH 值增大到 11.1 时，XLW-AC 和 XLT-AC 对氰化物的脱除率有所降低，分别达到 55.1% 和 54.2%，而此时商业活性炭 SAC-1 和 SAC-2 对应的脱除率分别为 50.4% 和 49.8%。由以上可以看出，磁性活性炭中由于采用浸渍的方法而含有 $Fe^{3+}$，在 pH 值小于 7 的条件下，$Fe^{3+}$ 与溶液中的氰化物发生静电吸附和离子交换反应，使溶液中的 $CN^-$ 被吸附。而非磁性的活性炭由于有限的吸附活性位点，产生较低的静电作用力。因此，为了研究静电作用力对氰化物吸附与作用机理，本书对不同 pH 条件下的 Zeta 电位进行了测定。

### 6.3.2 pH 值对 Zeta 电位的影响

由于分散粒子表面带有电荷而吸引周围的反号离子，这些反号离子在两相界面呈扩散状态分布而形成扩散双电层。根据 Stern 双电层理论可将双电层分为两部分，即 Stern 层和扩散层。Zeta 电位是连续相与附着在分散粒子上的流体稳定层之间的电势差。图 6.8 所示为不同 pH 值条件下活性炭的 Zeta 电位值。由图 6.8 可知，磁性活性炭 XLW-AC@Fe 和 XLT-AC@Fe 在 pH 值较低的条件下具有较高的 Zeta 电位值，如当 pH 值处于 2～3 范围内时，Zeta 电位值在 20～24mV 区间，高于商业活性炭 SAC-1、SAC-2，以及 XLW-AC 和 XLT-AC 的数值。进一步分析发现，磁性活性炭 XLW-AC@Fe 和 XLT-AC@Fe 的 Zeta 电位值随 pH 值的增加呈负向增加，Zeta 电位向负值变化。

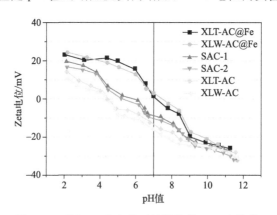

图 6.8　不同 pH 值条件下活性炭的 Zeta 电位值

当 pH 值近似为 7 时，磁性活性炭中 Fe 以及氢氧根离子等解离生成阳离子和阴离子的趋势及程度相等，活性炭表面所带净电荷为零，呈电中性，出现等电点。这也直接证明了当 pH 值小于 7 时，活性炭表面带正电荷，与呈负电的 CN⁻ 产生静电吸附。随着溶液中 pH 值的升高，活性炭表面的正电荷质子化逐渐减弱，吸附在电极表面的一层离子表面的负电荷量增大，使活性炭表面负电荷密度升高。因此，随着溶液中 pH 值的升高，磁性活性炭 XLW-AC@Fe、XLT-AC@Fe 与氰化物的 CN⁻ 离子发生了静电排斥。由于 Zeta 电位是对颗粒或离子之间相互排斥或吸引力的强度的度量，静电排斥作用实际是不相容的两个界面的相互作用，因此磁性活性炭 XLW-AC@Fe、XLT-AC@Fe 对氰化物中的 CN⁻ 离子的吸附量随溶液 pH 值的增大而减小。

进一步分析可知，当溶液的 pH 值大于 7 时，磁性活性炭溶液中以静电排斥力为主，但此时添加不同类型的活性炭对于氰化物仍然产生吸附作用。通过图 6.8 可知，当 pH 处于 4～5 范围时，添加商业活性炭 SAC-1、SAC-2 以及活性炭 XLW-AC、XLT-AC 的溶液中已经以静电排斥力为主，这说明即使 pH 值小于 7，不同的活性炭对于氰化物的吸附机理也存在显著差异，反应并不是完全以静电吸附为主。这证明了活性炭对于氰化物的吸附机理不只取决于活性炭本身和活性炭表面电荷分布，在吸附氰化物过程中涉及物理吸附、化学吸附以及离子交换吸附等三种不同类型的吸附作用机理。活性炭的表面化学特性和水溶液中离子解离程度也影响氰化物的吸附。

因此，以 pH 值处于 7 时出现等电点为分界线。当 pH 值大于 7 时，CN⁻ 离子在活性炭上的吸附主要以离子交换以及物理吸附为主，这主要是由于 CN⁻ 离子是亲核离子。当 pH 值大于 10 时，由于活性炭表面阴离子密度明显高于阳离子，表面产生反质子化现象，导致 CN⁻ 离子吸附于带负电荷的活性炭表面。而 CN⁻ 离子以物理吸附的方式固定在活性炭上，主要是指当溶液呈碱性时，CN⁻ 离子与活性炭表面含羟基官能团形成络合物沉淀于活性炭表面，属于物理吸附。

因此，这也就证明了对于非浸渍 Fe 的普通活性炭 SAC-1、SAC-2、XLW-AC 以及 XLT-AC 而言，在 pH 值为 10～11 范围内氰化物吸附量最大，吸附方式以离子交换吸附为主。

# 6.4 氰化物浓度对脱除率的影响

## 6.4.1 pH 值在 7~8 范围内不同氰化物浓度对脱除率的影响

图 6.9 所示为 pH 值在 7～8 范围内氰化物浓度对脱除率的影响。由图 6.9

可知，氰化物浓度是影响活性炭脱除效率的重要因素。本研究通过配制 100mg/L、220mg/L、340mg/L、460mg/L 的氰化物溶液，研究磁性活性炭 XLT-AC@Fe、XLW-AC@Fe，提质褐煤基活性炭 XLT-AC、XLW-AC 以及商业活性炭 SAC-1、SAC-2 对不同浓度氰化物脱除率的影响。

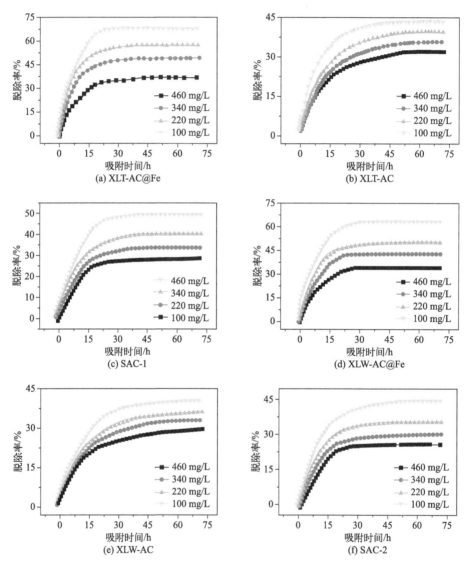

图 6.9　在 pH 值 7~8 范围内氰化物浓度对脱除率影响

综合分析发现，无论何种活性炭，它们的吸附能力都随着氰化物浓度的增加而降低，这主要是由于无论是物理吸附、化学吸附还是离子交换吸附，活性炭吸附氰化物都依赖于活性炭自身的活性位点。这说明当活性炭中可用活性位点数量受到限制时，活性位点对于较高初始浓度的氰化物的吸附能力有限。另外，所有活性炭对于氰化物的脱除率曲线形状基本一致，但不同浓度的氰化物浓度达到吸附平衡所需的时间以及对氰化物的脱除率存在差异。

相关研究表明，在碱性条件下，活性炭对氰化物的吸附量随着浸渍金属量的增大而增大。但在本研究中，实验结果与相关文献中的实验结果相反。例如，当 pH 值为 10～11 时，采用磁性活性炭 XLT-AC@Fe、XLW-AC@Fe 并没有提高水溶液中氰化物的脱除率，相反，氰化物的脱除率呈降低的变化趋势。当 pH 值为 7～8，反应时间为 75h 时，磁性活性炭 XLT-AC@Fe 对应氰化物浓度 100mg/L、220mg/L、340mg/L、460mg/L 的脱除率分别为 67.73%、57.51%、49.33%、36.42%，而采用磁性活性炭 XLW-AC@Fe 时，对应的脱除率分别为 62.52%、50.41%、42.97%、33.91%。这再次验证了以采用四氢化萘进行提质的褐煤为原料，浸渍 Fe 而制备的磁性活性炭 XLT-AC@Fe 对氰化物的脱除率高于 XLW-AC@Fe。这主要是由于在制备磁性活性炭 XLT-AC@Fe 的过程中，Fe 在其中的含量大于在磁性活性炭 XLW-AC@Fe 中的含量，进而导致铁氧化物进入活性炭的孔隙通道内或位于活性炭表面上，在 pH 较低的条件下形成活性位点（Fe—OH），对于水中的 $CN^-$ 具有很强的吸附作用。

### 6.4.2　pH 值在 10～11 范围内不同氰化物浓度对脱除率的影响

在不同的 pH 值条件下，相同的磁性活性炭对于氰化物的吸附脱除率存在显著差异。对比图 6.9（a）、(d) 和图 6.10（a）、(d) 发现，当 pH 值为 10～11 时，采用磁性活性炭 XLT-AC@Fe 吸附氰化物，反应时间为 75h 时，对应氰化物浓度为 100mg/L、220mg/L、340mg/L、460mg/L 时的脱除率相对于 pH 值为 7～8 时分别降低至 55.20%、50.03%、43.02% 以及 33.25%；而 XLW-AC@Fe 对应氰化物脱除率分别降低至 52.28%、47.68%、37.81% 以及 27.94%。结果表明，浸渍 Fe 的活性炭，尤其是采用四氢化萘处理的提质褐煤活性炭对氰化物的脱除效果随溶液 pH 值的降低而增强。而对于活性炭 XLT-AC、XLW-AC 而言，随着 pH 值增大至 10～11，对于氰化物的吸附性能优于 pH 值在 7～8 范围时对于氰化物的吸附性能。此外，通过对比图 6.9（a）和(d) 可知，磁性活性炭 XLT-AC@Fe/XLW-AC@Fe 对于氰化物的脱除率比提质褐煤半焦基活性炭 XLT-AC/XLW-AC 高出 25%～30%。由 6.1 节中对磁性活性炭的表征结果可知，所获得的磁性活性炭（XLT-AC@Fe/XLW-AC@Fe）

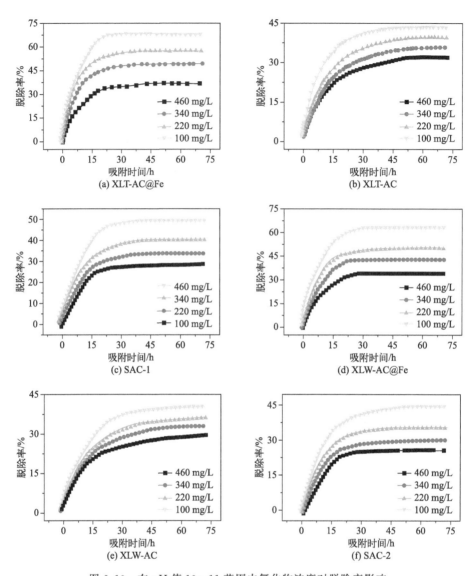

图 6.10　在 pH 值 10～11 范围内氰化物浓度对脱除率影响

在室温下呈现顺磁性，因此与普通活性炭采用传统的筛分技术进行活性炭分离相比，磁性活性炭可采用磁选机进行分离和纯化。对比图 6.9（c）、（f）和图6.10（c）、（f）可知，pH 值分别在 7～8 以及 10～11 范围内时，商业活性炭SAC-1、SAC-2 对于氰化物的脱除率有所差异：当 pH 值在 7～8 范围内时，SAC-1 以及 SAC-2 对应氰化物的脱除率分别在 25.13％～45.17％、28.43％～49.02％范围内，而当 pH 值在 10～11 范围内时，上述两种商业活性炭对应氰化物的脱除率分别在 30.45％～52.49％以及 34.01％～56.04％范围内。由以上数据可以看出，pH 值对于商业活性炭对氰化物的脱除率的影响与 pH 值对于磁性活性炭对氰化物的脱除率的影响正好相反。这可能是由于在碱性条件下活性炭中的 $Al_2O_3$ 以及 $SiO_2$ 等成分与 $OH^-$ 发生反应 [反应方程如式（6.8）和式（6.9）所示]，形成次生孔隙结构，促使活性炭暴露出更多的吸附活性点位。

$$SiO_2 + 2MOH \Longrightarrow M_2SiO_3 + H_2O \qquad (6.8)$$

$$Al_2O_3 + 2MOH \Longrightarrow 2MAlO_2 + H_2O \qquad (6.9)$$

# 6.5 等温吸附曲线

## 6.5.1 等温吸附模型

相关研究表明，Langmuir、Freundlich 以及 Redlich-Peterson 等温吸附模型可用于评价氰化物吸附过程，因此在本研究中采用 Langmuir 和 Freundlich 两种两参数等温吸附模型来进行吸附数据拟合。在此基础上，采用三参数 Redlich-Peterson 等温吸附模型进行吸附数据拟合，以便更准确地进行活性炭对氰化物吸附规律的对比研究。其中，Redlich-Peterson 三参数经验方程是一种兼有 Langmuir 和 Freundlich 等温线的混合等温线方程。由于它的多功能性，其可以用来解释均相或非均相体系的吸附机理。

此外，在进行数据拟合时，除了获得相关性系数 $R^2$ 外，本研究还选择动力学模型的平均相对误差（$e$）和非线性 $\chi^2$ 检验进行等温吸附模型选择准确性的判断。Langmuir、Freundlich 以及 Redlich-Peterson 等温吸附模型如式（6.10）～式（6.12）所示。

$$\text{Langmuir:} Q_e = \frac{Q_0 b C_e}{1 + b C_e} \qquad (6.10)$$

$$\text{Freundlich:} Q_e = k_f a^2 + b^2 = c^2 C_e^{\frac{1}{n}} \qquad (6.11)$$

$$\text{Redlich-Peterson:} Q_e = \frac{C_e A_{RP}}{1 + C_e^\beta B_{RP}} \qquad (6.12)$$

式中，$C_e$ 为吸附平衡时溶液中的氰化物浓度，mg/L；$Q_e$ 为吸附平衡时活性炭对氰化物的吸附量，mg/g；$b$ 是 Langmuir 等温常数，L/mg；$Q_0$ 为活性炭表面单层对氰化物的最大饱和吸附量；$k_f$ 是 Freundlich 常数，常用于表示吸附能力的相对大小；$1/n$（无量纲）是异质性因子，表示吸附强度；$A_{RP}$（单位：L/g）、$B_{RP}$（单位：L/mg）是 Redlich-Peterson 等温线常数；$\beta$ 是异质因子，介于 0～1 之间。表 6.2～表 6.5 分别为在两个不同 pH 值范围（7～8 和 10～11）内的等温吸附曲线的拟合参数等。

表 6.2　不同活性炭的氰化物吸附等温线性拟合曲线参数

（氰化物浓度为 100mg/L，pH 值在 7～8 之间）

| 方程类型及参数 | | XLT-AC@Fe | XLW-AC@Fe | XLT-AC | XLW-AC | SAC-1 | SAC-2 |
|---|---|---|---|---|---|---|---|
| Langmuir | $Q_0$/(mg/g) | 74.39 | 71.48 | 66.19 | 64.38 | 64.29 | 63.72 |
| | $b \times 10^{-3}$ /(L/mg) | 4.43 | 4.94 | 5.65 | 5.49 | 5.51 | 5.68 |
| | $R^2$ | 0.9943 | 0.9959 | 0.9973 | 0.9942 | 0.9989 | 0.9978 |
| | $e$ | 1.7834 | 1.8739 | 1.6968 | 1.8922 | 1.6837 | 1.7685 |
| | $\chi^2$ | 0.4344 | 0.4672 | 0.4294 | 0.3229 | 0.2988 | 0.3384 |
| Freundlich | $k_f$/(L/g) | 8.93 | 8.72 | 5.84 | 5.39 | 5.81 | 5.33 |
| | $n$ | 2.19 | 2.11 | 1.51 | 1.49 | 1.48 | 1.46 |
| | $R^2$ | 0.9635 | 0.9673 | 0.9589 | 0.9701 | 0.9698 | 0.9592 |
| | $e$ | 4.8494 | 5.4954 | 5.3947 | 4.7839 | 4.7974 | 5.0493 |
| | $\chi^2$ | 1.3823 | 1.3662 | 1.3459 | 1.3582 | 1.3281 | 1.3365 |
| Redlich-Peterson | $A_{BP}$/(L/g) | 3.88 | 3.79 | 0.73 | 0.66 | 0.59 | 0.51 |
| | $B_{BP}$/(L/mg) | 0.0129 | 0.0112 | 0.0041 | 0.0035 | 0.0028 | 0.0032 |
| | $\beta$ | 0.97 | 0.94 | 0.95 | 0.91 | 0.92 | 0.91 |
| | $R^2$ | 0.97393 | 0.9811 | 0.9781 | 0.9812 | 0.9746 | 0.9768 |
| | $e$ | 2.4857 | 2.4958 | 2.8743 | 2.7384 | 2.5451 | 2.4913 |
| | $\chi^2$ | 0.7383 | 0.7843 | 0.7592 | 0.7227 | 0.7832 | 0.7648 |

表 6.3　不同活性炭的氰化物吸附等温非线性拟合曲线参数

（氰化物浓度为 100mg/L，pH 值在 7～8 之间）

| 方程及参数 | | XLT-AC@Fe | XLW-AC@Fe | XLT-AC | XLW-AC | SAC-1 | SAC-2 |
|---|---|---|---|---|---|---|---|
| Langmuir | $Q_0$/(mg/g) | 74.96 | 72.63 | 65.87 | 66.02 | 65.11 | 64.06 |
| | $b \times 10^{-3}$ /(L/mg) | 4.38 | 4.51 | 5.77 | 5.84 | 5.64 | 5.79 |
| | $R^2$ | 0.9941 | 0.9977 | 0.9923 | 0.9949 | 0.9997 | 0.9983 |
| | $e$ | 1.673 | 1.7386 | 1.5947 | 1.8108 | 1.6698 | 1.6897 |
| | $\chi^2$ | 0.4138 | 0.3937 | 0.3648 | 0.3722 | 0.3476 | 0.3621 |

| 方程及参数 | | XLT-AC@Fe | XLW-AC@Fe | XLT-AC | XLW-AC | SAC-1 | SAC-2 |
|---|---|---|---|---|---|---|---|
| Freundlich | $k_f/(L/g)$ | 8.99 | 8.86 | 5.57 | 5.39 | 5.75 | 5.28 |
| | $n$ | 2.27 | 2.08 | 1.55 | 1.49 | 1.52 | 1.47 |
| | $R^2$ | 0.9644 | 0.9718 | 0.9681 | 0.9608 | 0.9632 | 0.9627 |
| | $e$ | 4.4948 | 5.8976 | 5.7638 | 5.3974 | 4.8967 | 5.0384 |
| | $\chi^2$ | 1.3718 | 1.3635 | 1.3563 | 1.3719 | 1.3609 | 1.3653 |
| Redlich-Peterson | $A_{BP}/(L/g)$ | 3.63 | 3.54 | 0.69 | 0.61 | 0.59 | 0.52 |
| | $B_{BP}/(L/mg)$ | 0.0123 | 0.0102 | 0.0024 | 0.0022 | 0.0031 | 0.0027 |
| | $\beta$ | 0.99 | 0.99 | 0.98 | 0.99 | 0.99 | 0.99 |
| | $R^2$ | 0.9843 | 0.9769 | 0.9836 | 0.9794 | 0.9818 | 0.9797 |
| | $e$ | 2.6384 | 2.83647 | 2.4537 | 2.7833 | 2.6373 | 2.7173 |
| | $\chi^2$ | 0.8013 | 0.7364 | 0.7783 | 0.7836 | 0.7933 | 0.7456 |

### 表 6.4 不同活性炭的氰化物吸附等温线性拟合曲线参数

**（氰化物浓度为 100mg/L，pH 值在 10～11 之间）**

| 方程及参数 | | XLT-AC@Fe | XLW-AC@Fe | XLT-AC | XLW-AC | SAC-1 | SAC-2 |
|---|---|---|---|---|---|---|---|
| Langmuir | $Q_0/(mg/g)$ | 76.37 | 75.02 | 68.38 | 67.84 | 65.04 | 64.78 |
| | $b \times 10^{-3}/(L/mg)$ | 8.43 | 7.95 | 8.33 | 8.29 | 7.79 | 8.06 |
| | $R^2$ | 0.9949 | 0.9943 | 0.9975 | 0.9964 | 0.9913 | 0.9908 |
| | $e$ | 1.8944 | 1.7684 | 1.7864 | 1.7907 | 1.8953 | 1.7981 |
| | $\chi^2$ | 0.2847 | 0.3869 | 0.2876 | 0.5937 | 0.4329 | 0.4322 |
| Freundlich | $k_f/(L/g)$ | 3.14 | 3.29 | 4.58 | 4.39 | 4.53 | 4.45 |
| | $n$ | 2.03 | 2.1 | 1.97 | 1.89 | 1.97 | 2.04 |
| | $R^2$ | 0.9667 | 0.9639 | 0.9689 | 0.9673 | 0.9704 | 0.9725 |
| | $e$ | 5.3948 | 4.8945 | 5.1169 | 4.8905 | 4.9913 | 5.2344 |
| | $\chi^2$ | 1.2938 | 1.1934 | 1.2896 | 1.0343 | 1.1922 | 1.0983 |
| Redlich-Peterson | $A_{BP}/(L/g)$ | 4.31 | 3.88 | 1.83 | 1.79 | 1.75 | 1.69 |
| | $B_{BP}/(L/mg)$ | 1.03 | 1.23 | 1.29 | 1.49 | 1.43 | 1.37 |
| | $\beta$ | 0.95 | 0.93 | 0.79 | 0.81 | 0.83 | 0.80 |
| | $R^2$ | 0.9689 | 0.9735 | 0.9802 | 0.9784 | 0.981 | 0.9791 |
| | $e$ | 6.4948 | 6.8465 | 7.0844 | 6.4847 | 6.6694 | 7.1938 |
| | $\chi^2$ | 0.9384 | 0.8937 | 0.9985 | 0.8703 | 0.9852 | 0.9184 |

表 6.5　不同活性炭的氰化物吸附等温非线性拟合曲线参数

（氰化物浓度为 100mg/L，pH 值在 10~11 之间）

| 方程及参数 | | XLT-AC@Fe | XLW-AC@Fe | XLT-AC | XLW-AC | SAC-1 | SAC-2 |
|---|---|---|---|---|---|---|---|
| Langmuir | $Q_0$/(mg/g) | 76.54 | 74.91 | 68.81 | 67.94 | 68.36 | 68.11 |
| | $b \times 10^{-3}$/(L/mg) | 7.57 | 8.24 | 7.84 | 7.49 | 8.19 | 7.96 |
| | $R^2$ | 0.9956 | 0.9927 | 0.9978 | 0.9959 | 0.9938 | 0.9866 |
| | $e$ | 1.865 | 1.6834 | 1.7335 | 1.7825 | 1.6957 | 1.6921 |
| | $\chi^2$ | 0.3486 | 0.3563 | 0.3894 | 0.4093 | 0.4132 | 0.3986 |
| Freundlich | $k_f$/(L/g) | 3.94 | 3.89 | 4.58 | 4.39 | 4.47 | 4.51 |
| | $n$ | 1.99 | 1.87 | 2.18 | 2.12 | 1.98 | 2.06 |
| | $R^2$ | 0.9763 | 0.9638 | 0.9702 | 0.9678 | 0.9598 | 0.9722 |
| | $e$ | 7.3934 | 6.7826 | 6.0384 | 5.9835 | 5.2876 | 5.6981 |
| | $\chi^2$ | 0.9363 | 0.8961 | 1.1384 | 1.2198 | 1.1984 | 1.2093 |
| Redlich-Peterson | $A_{BP}$/(L/g) | 1.73 | 1.82 | 0.73 | 0.72 | 0.66 | 0.58 |
| | $B_{BP}$/(L/mg) | 0.0045 | 0.0073 | 0.0043 | 0.0028 | 0.0051 | 0.0042 |
| | $\beta$ | 0.89 | 0.88 | 0.83 | 0.85 | 0.86 | 0.86 |
| | $R^2$ | 0.9943 | 0.9988 | 0.9893 | 0.9934 | 0.9894 | 0.9978 |
| | $e$ | 4.3944 | 4.9483 | 4.3846 | 4.4857 | 4.6334 | 4.6653 |
| | $\chi^2$ | 0.7634 | 0.6354 | 0.6376 | 0.5937 | 0.5845 | 0.6485 |

## 6.5.2　等温吸附拟合参数分布

由表 6.2~表 6.5 可知，两参数等温吸附线性和非线性拟合数据彼此非常接近，并且线性相关性系数 $R^2$ 都近似等于 1。但对于 Freundlich 模型而言，无论是线性拟合还是非线性拟合，线性相关性系数 $R^2$ 都在 0.96~0.97 范围内，表明这两种情况下的拟合偏差较大。这是由于 Freundlich 等温吸附模型仅描述了非均匀表面上的吸附平衡状态，而对实际过程中活性炭表面假设的单层吸附容量的解释并未包含于 Freundlich 等温吸附模型内，这与 Langmuir 等温吸附模型刚好相反。

这反映出在两个不同 pH 值范围（7~8 和 10~11）内，采用 Langmuir 和 Redlich-Peterson 模型对氰化物在活性炭上的吸附进行解释与吸附机理的判定更为合理。特别是采用 Langmuir 模型对氰化物在活性炭上的吸附进行拟合时，平均相对误差（$e$）值最小，在 1.68~1.88 范围内；而采用其他两种模型

进行拟合所得到的 $e$ 值分别在 $4.70 \sim 5.50$、$2.48 \sim 2.88$ 范围内。这表明活性炭对于 $CN^-$ 离子的吸附是以单层形式覆盖在活性炭的表面，并且活性炭表面存在的活性位点对于 $CN^-$ 离子的吸附活化能相等，但吸附粒子间的相互作用可被忽略，一个吸附粒子只占据一个吸附中心，每个被吸附的粒子都起到定位作用。由表 6.2 中 $k_f$ 常数分布可以看出，$k_f$ 常数分布与采用的线性、非线性拟合方法有关，而且不同的 pH 值范围内，$k_f$ 常数大小分布更为不均。

pH 值在 $7 \sim 8$ 范围内，采用线性拟合方法得到活性炭 XLT-AC@Fe、XLW-AC@Fe、XLT-AC、XLW-AC、SAC-1 以及 SAC-2 对应的 Freundlich 模型的 $k_f$ 常数分别为 $8.93$、$8.72$、$5.84$、$5.39$、$5.81$ 以及 $5.33$。上述活性炭对氰化物的吸附能力大小顺序为 XLT-AC@Fe＞XLW-AC@Fe＞XLT-AC＞SAC-1＞XLW-AC＞SAC-2；而 pH 值在 $10 \sim 11$ 范围内时，采用线性拟合方法得到上述活性炭对应的 Freundlich 模型的 $k_f$ 常数分别为 $3.14$、$3.29$、$4.58$、$4.39$、$4.53$ 以及 $4.45$，对氰化物的吸附能力大小顺序为 XLT-AC＞SAC-1＞SAC-2＞XLW-AC＞XLW-AC@Fe＞XLT-AC@Fe。但实际上磁性活性炭 XLT-AC@Fe、XLW-AC@Fe 在 pH 值处于 $10 \sim 11$ 范围内时对氰化物的吸附能力是最强的，这体现在采用 Langmuir 等温吸附模型计算得到的 $Q_0$ 值最大，而且实验也得到同样的结果（见图 6.9 和图 6.10）。因此，仅列出了两个 pH 值范围内活性炭对于氰化物吸附的线性和非线性 Langmuir 等温线图（图 6.11）。由于 Langmuir 模型是本研究中最合适的等温线吸附模型，因此本研究采用无量纲分离因子 $R_L$ 来判断吸附体系是否合适。其定义如下：

$$R_L = \frac{1}{1+bC_0} \tag{6.13}$$

式中　$R_L$——无量纲分离因子；

　　　$C_0$——氰化物的初始浓度；

　　　$b$——Langmuir 常数。

采用 $R_L$ 值来解释吸附反应的可行性及吸附过程，其中：$R_L > 1$ 表示不利于吸附；$R_L = 1$ 表示吸附呈现线性关系；$0 < R_L < 1$ 表示有利于吸附；$R_L = 0$ 表示吸附为定向反应，不可逆。相关研究认为，$R_L$ 值在 $0 \sim 1$ 范围内表示吸附剂对于吸附质具有良好的吸附作用。

采用 Redlich-Peterson 等温线模型对于氰化物的吸附行为的描述与采用 Langmuir 模型对氰化物在制备活性炭上的吸附行为的描述具有较好的一致性。其中，Redlich-Peterson 等温线模型与三参数经验方程相联系，是一种兼有 Langmuir 和 Freundlich 等温线的混合等温线模型。由于它的多功能性，可以用来解释均相或非均相体系的吸附机理。在 Redlich-Peterson 模型中，$\beta$ 是在

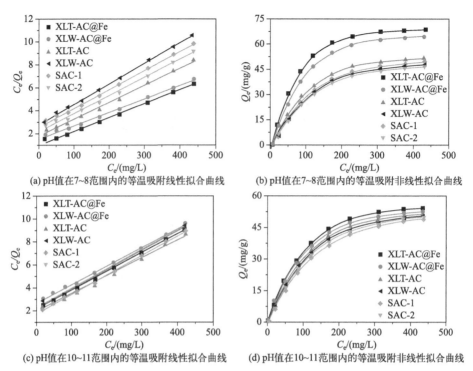

(a) pH值在7~8范围内的等温吸附线性拟合曲线

(b) pH值在7~8范围内的等温吸附非线性拟合曲线

(c) pH值在10~11范围内的等温吸附线性拟合曲线

(d) pH值在10~11范围内的等温吸附非线性拟合曲线

图 6.11　在氰化物浓度为 100mg/L、pH 值处于 7～8 以及 10～11 范围内分别
采用 Langmuir 模型进行等温吸附线性和非线性拟合曲线图

0 和 1 之间变化的指数，特别是采用非线性拟合方式计算得到的 $\beta$ 值近似为 1，这说明活性炭对氰化物的吸附机理符合 Langmuir 理想 吸附条件假设，即活性炭表面存在吸附活性点位可以对溶液中 $CN^-$ 离子进行均质单分子层吸附，并且被吸附的分子之间无作用力，与 其周围是否有被吸附的分子无关。

扫码看彩图

　　根据活性炭在两个 pH 值范围（7～8、10～11）内的吸附能力［Langmuir（$Q_0$）和 Freundlich（$k_f$）常数］（见表 6.2），与磁性活性炭 XLT-AC@Fe 以 及 XLW-AC@Fe 相比，活性炭 XLT-AC、XLW-AC、SAC-1 以及 SAC-2 在相 同 pH 范围内的吸附能力较为接近，并且随着溶液 pH 值的增大，其吸附能力 增加。例如，pH 值在 7～8 范围内时，采用线性拟合获得的以上 6 种活性炭表 面单层对氰化物的最大饱和吸附量 $Q_0$ 分别为 74.39mg/g、71.48mg/g、 66.19mg/g、64.38mg/g、64.29mg/g、63.72mg/g，而采用非线性拟合获得 的最大饱和吸附量 $Q_0$ 分别为 74.96mg/g、72.63mg/g、65.87mg/g、66.02mg/g、 65.11mg/g、64.06mg/g。

　　由上述分析可知，磁性活性炭的氰化物的最大饱和吸附量 $Q_0$ 高于普通褐 煤半焦制备的活性炭以及商业活性炭 SAC 系列。当 pH 值在 10～11 范围内时，在线性拟合条件下获得的磁性活性炭 XLT-AC@Fe 以及 XLW-AC@Fe 最大饱和吸附量 $Q_0$ 分别为 76.37mg/g 和 75.02mg/g，而 XLT-AC 以及 XLW-AC 对应的最大饱和吸附量 $Q_0$ 分别为 68.38mg/g 以及 67.84mg/g，这表明活性炭对氰化物的吸附能力可以达到的最大饱和吸附量 $Q_0$ 随着 pH 值增大而逐渐升高。

由图 6.11 可知，磁性活性炭 XLT-AC@Fe 以及 XLW-AC@Fe 在 pH 值为 10～11 时对氰化物具有最大的脱除效率，且对氰化物的吸附能力随 pH 值的增加而减小。这表明活性炭特别是磁性活性炭 XLT/W-AC@Fe 对氰化物的吸附能力对 pH 值的变化非常敏感，也再一次验证了图 6.9 和图 6.10 所给出的在不同的 pH 值条件下不同氰化物浓度对脱除率的影响。此外，活性炭 SAC-1、SAC-2 和 XLT/W-AC 在两个不同 pH 值范围内对氰化物的吸附能力数据表明，非磁性的常规活性炭在相同 pH 值范围内，颗粒大小和活性炭类型对于氰化物的吸附能力影响较小，基本上关联性较小。

这说明 XLT/W-AC 与市售活性炭对于氰化物的吸附能力相当，但磁性活性炭 XLT-AC@Fe 以及 XLW-AC@Fe 对氰化物具有更高的脱除率。因此，磁性活性炭可以作为从水溶液中脱除氰化物的备用活性炭。由于 $\chi^2$ 值越大，实际观测值与理论推断值之间的偏离程度越大，反之二者偏差越小，因此，通过对比表 6.2 中的 $\chi^2$ 分布可知，采用 Langmuir 以及 Redlich-Peterson 模型得到的 $\chi^2$ 值均小于 1，而采用 Freundlich 模型计算得到的 $\chi^2$ 大于 1。这说明采用 Freundlich 模型拟合得到的 $k_f$ 可能存在较大误差，采用 Freundlich 模型对于上述活性炭对氰化物在其表面的吸附行为不能较好地描述，也间接证实了活性炭对于氰化物的吸附可能较大概率不是非均质吸附，而主要是以单分子层吸附。

此外，由于磁性活性炭 XLT/W-AC@Fe 是通过将 Fe 离子随机浸渍到褐煤基 XLT/W-AC 活性炭的非均质多孔结构中制备而成的，因此，非线性 Freundlich 模型并不适合于描述吸附等温线数据。由于等温参数在线性和非线性表达式之间并没有显著区别，因此判定活性炭对于氰化物的吸附能力大小还需要进行吸附动力学以及吸附机理的讨论。这主要是由于溶液中氰化物等吸附质在活性炭等多孔固体材料中的吸附往往呈现复杂的动力学特征，其中吸附速率可直接受吸附剂的反应性、吸附剂表面的均匀性/非均匀性、溶液的 pH 值和温度等参数的影响，也受吸附剂分子的表面和组成特征，以及其他一些因素影响。通过使用不同的动力学模型研究实验数据来阐明上述因素对吸附特性的影响，确定有关吸附过程的可能机制并获得导致形成复杂吸附剂-吸附质部分的不同过渡态信息。

## 6.6 吸附动力学及机理

### 6.6.1 准一级和准二级动力学模型

采用准一级动力学模型和准二级动力学模型研究在两个不同的 pH 范围（7~8 和 10~11）内氰化物的吸附过程以及吸附机理。使用平均相对误差（$e$）和非线性 $\chi^2$ 检验函数验证所选择的动力学模型的准确性以及适用性。另外，由于颗粒内扩散模型具有普适性，因此本研究也采用颗粒内扩散模型与上述两模型进行对比。三种动力学模型如式（6.14）~式（6.16）所示。

准一级动力学模型：
$$q_t = q_e[1 - \exp(-k_1 t)] \qquad (6.14)$$

准二级动力学模型：
$$q_t = \frac{k_2 t q_e^2}{1 + k_2 t q_e} \qquad (6.15)$$

颗粒内扩散模型：
$$q_t = k_{int} t^{\frac{1}{2}} + C \qquad (6.16)$$

式中　$t$——时间，min；

$q_e$，$q_t$——分别为吸附平衡时以及时间 $t$ 后吸附界面上溶质的量，mg/g；

$k_1$——准一级动力学模型的吸附速率常数，$min^{-1}$；

$k_2$——准二级动力学模型的吸附速率常数，g/(mg·min)；

$C$——截距；

$K_{int}$——颗粒内扩散速率常数，mg/(g·$min^{1/2}$)。

本研究中采用线性以及非线性模型对初始氰化物浓度为 100mg/L 时的吸附反应进行动力学参数计算。表 6.6~表 6.9 分别为 pH 值在 7~8 以及 10~11 范围内时的准一级和准二级动力学模型的拟合参数。由表 6.6 和表 6.7 可知，pH 值在 7~8 范围内时，采用准一级动力学模型对吸附数据进行拟合时，无论是对吸附数据进行线性拟合还是非线性拟合，采用准一级动力学模型进行拟合计算获得的 $R^2$ 值低于采用准二级动力学模型进行拟合计算获得的 $R^2$ 值。

**表 6.6　在 pH 值 7~8 范围内不同活性炭吸附氰化物的准一级动力学参数**

| 准一级动力学线性拟合 | XLT-AC@Fe | XLW-AC@Fe | XLT-AC | XLW-AC | SAC-1 | SAC-2 |
|---|---|---|---|---|---|---|
| $q_e$/(mg/g) | 28.66 | 23.46 | 19.49 | 18.34 | 17.19 | 16.97 |
| $k_1$/$min^{-1}$ | 0.1939 | 0.1874 | 0.1736 | 0.1653 | 0.1631 | 0.1012 |

| 准一级动力学<br>线性拟合 | XLT-AC@Fe | XLW-AC@Fe | XLT-AC | XLW-AC | SAC-1 | SAC-2 |
|---|---|---|---|---|---|---|
| $R^2$ | 0.9547 | 0.9548 | 0.9644 | 0.9583 | 0.9499 | 0.9518 |
| $e$ | 8.44 | 9.86 | 10.74 | 11.46 | 3.48 | 6.89 |
| $\chi^2$ | 10.93 | 10.89 | 7.84 | 7.35 | 7.74 | 8.37 |
| 准一级动力学<br>非线性拟合 | XLT-AC@Fe | XLW-AC@Fe | XLT-AC | XLW-AC | SAC-1 | SAC-2 |
| $q_e/(mg/g)$ | 31.82 | 28.94 | 26.84 | 26.11 | 22.47 | 18.49 |
| $k_1/min^{-1}$ | 0.2201 | 0.2086 | 0.1638 | 0.1622 | 0.1583 | 0.1173 |
| $R^2$ | 0.9856 | 0.9847 | 0.9793 | 0.9839 | 0.9817 | 0.9824 |
| $e$ | 13.39 | 11.38 | 9.88 | 9.13 | 8.23 | 8.18 |
| $\chi^2$ | 4.93 | 4.66 | 2.84 | 2.63 | 2.89 | 2.69 |

**表 6.7   pH 值在 7～8 范围内不同活性炭吸附氰化物的准二级动力学参数**

| 准二级动力学<br>线性拟合参数 | XLT-AC@Fe | XLW-AC@Fe | XLT-AC | XLW-AC | SAC-1 | SAC-2 |
|---|---|---|---|---|---|---|
| $q_e/(mg/g)$ | 33.49 | 28.98 | 23.74 | 22.69 | 20.74 | 19.09 |
| $k_2/[g/(mg \cdot min)]$ | 0.1894 | 0.1874 | 0.1811 | 0.1696 | 0.1569 | 0.1264 |
| 初始吸附速率<br>$h/[g/(mg \cdot min)]$ | 3.43 | 3.88 | 4.31 | 4.39 | 5.32 | 4.98 |
| $R^2$ | 0.9898 | 0.9895 | 0.9963 | 0.9973 | 0.9993 | 0.9918 |
| $e$ | 2.48 | 3.09 | 3.84 | 2.47 | 3.63 | 2.19 |
| $\chi^2$ | 1.38 | 1.93 | 2.04 | 1.12 | 2.84 | 3.02 |
| 准二级动力学<br>非线性拟合参数 | XLT-AC@Fe | XLW-AC@Fe | XLT-AC | XLW-AC | SAC-1 | SAC-2 |
| $q_e/(mg/g)$ | 34.94 | 33.86 | 28.49 | 28.04 | 26.77 | 25.93 |
| $k_2/[g/(mg \cdot min)]$ | 0.1134 | 0.1088 | 0.0837 | 0.0824 | 0.1002 | 0.0973 |
| $h/[mg/(g \cdot min)]$ | 3.28 | 3.19 | 4.19 | 4.49 | 5.22 | 4.96 |
| $R^2$ | 0.9934 | 0.9915 | 0.9975 | 0.9961 | 0.9932 | 0.9958 |
| $e$ | 1.39 | 2.02 | 2.85 | 1.56 | 1.04 | 1.15 |
| $\chi^2$ | 0.97 | 0.89 | 1.02 | 1.19 | 0.65 | 0.83 |

**表 6.8   pH 值在 10～11 范围内不同活性炭吸附氰化物的准一级动力学参数**

| 准一级动力学<br>线性拟合 | XLT-AC@Fe | XLW-AC@Fe | XLT-AC | XLW-AC | SAC-1 | SAC-2 |
|---|---|---|---|---|---|---|
| $q_e/(mg/g)$ | 25.49 | 24.49 | 18.98 | 17.53 | 17.94 | 16.39 |
| $k_1/min^{-1}$ | 0.094 | 0.096 | 0.081 | 0.078 | 0.059 | 0.068 |

| 准一级动力学线性拟合 | XLT-AC@Fe | XLW-AC@Fe | XLT-AC | XLW-AC | SAC-1 | SAC-2 |
|---|---|---|---|---|---|---|
| $R^2$ | 0.9685 | 0.9731 | 0.9646 | 0.9763 | 0.9801 | 0.9647 |
| $e$ | 11.94 | 14.58 | 13.51 | 12.34 | 16.05 | 9.49 |
| $\chi^2$ | 8.49 | 6.99 | 10.04 | 9.47 | 8.41 | 10.06 |
| 准一级动力学非线性拟合 | XLT-AC@Fe | XLW-AC@Fe | XLT-AC | XLW-AC | SAC-1 | SAC-2 |
| $q_e/(mg/g)$ | 24.59 | 24.04 | 22.49 | 21.11 | 20.83 | 21.03 |
| $k_1/min^{-1}$ | 0.1933 | 0.2094 | 0.1783 | 0.1893 | 0.1616 | 0.1539 |
| $R^2$ | 0.9874 | 0.9783 | 0.968 | 0.9818 | 0.9783 | 0.9786 |
| $e$ | 6.49 | 7.33 | 10.03 | 7.44 | 7.94 | 5.84 |
| $\chi^2$ | 3.49 | 4.22 | 4.79 | 3.64 | 2.37 | 4.45 |

表 6.9  pH 值在 10～11 范围内不同活性炭吸附氰化物的准二级动力学参数

| 准二级动力学线性拟合参数 | XLT-AC@Fe | XLW-AC@Fe | XLT-AC | XLW-AC | SAC-1 | SAC-2 |
|---|---|---|---|---|---|---|
| $q_e/(mg/g)$ | 25.39 | 24.45 | 22.57 | 22.19 | 21.48 | 21.09 |
| $k_2/[g/(mg \cdot min)]$ | 0.083 | 0.067 | 0.069 | 0.082 | 0.059 | 0.073 |
| $h/[g/(mg \cdot min)]$ | 1.69 | 1.72 | 1.89 | 1.93 | 2.11 | 2.41 |
| $R^2$ | 0.9983 | 0.9936 | 0.9961 | 0.9969 | 0.9953 | 0.9946 |
| $e$ | 0.79 | 1.03 | 1.13 | 0.79 | 0.88 | 0.91 |
| $\chi^2$ | 0.68 | 0.96 | 1.01 | 0.88 | 0.91 | 0.61 |
| 准二级动力学非线性拟合参数 | XLT-AC@Fe | XLW-AC@Fe | XLT-AC | XLW-AC | SAC-1 | SAC-2 |
| $q_e/(mg/g)$ | 24.97 | 24.34 | 24.19 | 22.82 | 22.39 | 21.18 |
| $k_2/[g/(mg \cdot min)]$ | 0.082 | 0.081 | 0.071 | 0.079 | 0.089 | 0.076 |
| $h/[g/(mg \cdot min)]$ | 1.59 | 1.77 | 1.98 | 1.87 | 2.28 | 2.22 |
| $R^2$ | 0.9974 | 0.9963 | 0.9918 | 0.9942 | 0.9979 | 0.9909 |
| $e$ | 2.19 | 1.59 | 1.06 | 1.29 | 0.93 | 0.89 |
| $\chi^2$ | 1.11 | 0.92 | 1.23 | 1.37 | 0.84 | 0.79 |

例如，采用准一级动力学模型进行线性拟合时获得的 $R^2$ 值在 0.9499～0.9644 范围，而以准二级动力学模型进行线性拟合获得的 $R^2$ 值在 0.9895～0.9993 范围。而且采用准二级动力学模型进行线性和非线性拟合获得的 $e$ 值以及 $\chi^2$ 值都较低，这说明采用准二级动力学模型比采用准一级动力学模型对氰化物在活性炭上的吸附反应描述得更为准确，这与 Cazetta 和 Vaźquez 等

所获得结果相一致。因此，本研究在常温条件下，选择 pH 值在 7~8 以及 10~11 范围内以浓度为 100mg/L 的氰化物溶液为标准样品验证线性以及非线性的准二级动力学模型的准确性，相关的拟合曲线如图 6.12 和图 6.13 所示。

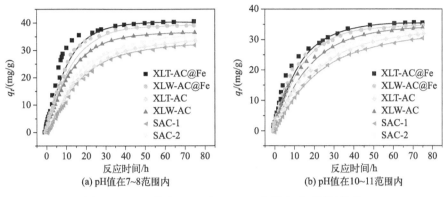

(a) pH值在7~8范围内

(b) pH值在10~11范围内

图 6.12　pH 值在 7~8 和 10~11 范围内时不同活性炭吸附氰化物准一级动力学非线性拟合曲线

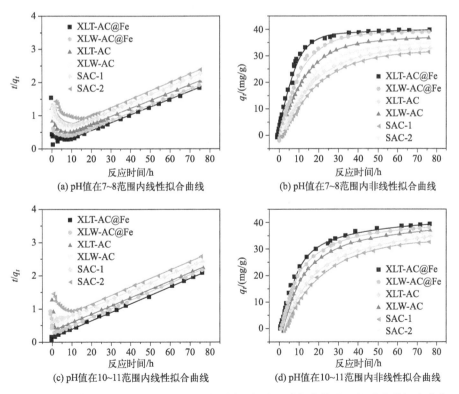

(a) pH值在7~8范围内线性拟合曲线

(b) pH值在7~8范围内非线性拟合曲线

(c) pH值在10~11范围内线性拟合曲线

(d) pH值在10~11范围内非线性拟合曲线

图 6.13　pII 值在 7~8 和 10~11 范围内不同活性炭吸附氰化物准二级动力学拟合曲线

从图 6.12 和图 6.13 可以看出，pH 值在 7～8 和 10～11 范围内不同活性炭吸附氰化物准一级动力学非线性拟合曲线与准二级动力学非线性拟合曲线变化趋势相似，均为随着吸附时间的逐渐延长，活性炭与溶液界面上溶质的量逐渐增大，但进一步分析发现，正如之前所述，采用具有线性和非线性形式的准二级动力学模型获得的计算值与实验值有更好的相关性。此外，由图 6.12 和图 6.13 还可以发现，无论是采用磁性活性炭、普通褐煤基活性炭还是商业活性炭，随着吸附时间的延长，活性炭与溶液界面上吸附溶质的量 $q_t$ 值逐渐增大，这与图 6.9 中所获得的实验结果相一致。但进一步分析可知，在活性炭吸附氰化物反应初期，活性炭与溶液界面上吸附溶质的量 $q_t$ 迅速增大，并随着反应时间延长，吸附溶质的量增速放缓。

整体而言，磁性活性炭 XLT-AC@Fe 以及 XLW-AC@Fe 吸附能力更强，达到吸附平衡所需要的时间更短（在 25～30h 之间），而非磁性活性炭达到吸附平衡所需要的时间大于磁性活性炭（一般大于 40h）。此外，根据表 6.6～表 6.9 中吸附平衡时吸附界面上溶质的量 $q_e$ 值分布规律可知，准一级动力学模型拟合计算获得的理论吸附量 $q_e$ 值与实验获得的实际吸附量 $q_e$ 值存在显著差异，再一次验证了准一级动力学模型对于活性炭对氰化物的吸附不能进行很好的描述，即活性炭对于氰化物的吸附反应速率与氰化物反应物浓度不是简单地在理想单因子环境中呈线性关系。但采用准二级动力学模型对于活性炭吸附氰化物反应拟合获得的理论吸附量 $q_e$ 值与实验测定值接近，二者偏差也较小。因此，在本研究中，褐煤基活性炭材料在氰化物浓度为 100mg/L 条件下的吸附过程及结果可以在准二级动力学模型的基础上获得更合理的解释，即准二级动力学模型假设吸附速率由吸附剂表面未被占有的吸附空位数目的平方值决定，吸附过程受化学吸附机理的控制，这种化学吸附涉及活性炭与氰根离子（CN⁻）之间的电子共用或电子转移，存在多重吸附机理的复合效应。

具体而言，准二级动力学模型可以解释为 Langmuir 吸附动力学，因为它考虑了与 Langmuir 等温线模型相同的条件假设。需要强调的是，对于准二级动力学模型速率常数 $k_2$ 而言，很多文献里都认为，被吸附物质的初始浓度越高，$k_2$ 的值反而越小。但由表 6.7 和表 6.9 中 $k_2$ 值的分布规律可知，pH 值在 7～8 范围内准二级动力学模型速率常数 $k_2$ 高于 pH 值在 10～11 范围内的速率常数 $k_2$，而且在相同的 pH 值范围内，不同的磁性活性炭的速率常数 $k_2$ 略大于褐煤基活性炭以及商业活性炭。这表明在初始浓度相同的情况下，磁性活性炭能够更快速地吸附溶液中的氰根离子（CN⁻），使其达到吸附平衡。此外，在初始浓度相同的情况下，pH 值在 10～11 范围内的初始吸附速率 $h$ 在 1.5～2.3g/(mg·min) 之间，而 pH 值在 7～8 范围内的 $h$ 值在 3.4～5.4g/(mg·min) 之间。这表明溶液中 OH$^-$ 含量在影响活性炭表面的电荷分布的同时，对氰化物在活性炭吸附活性位点上的吸附也具有显著影响。当 pH 值在 10～11 范围内时，获得的初始吸附速率 $h$ 值小于 pH 值在 7～8 范围内对应的初始吸附速率 $h$ 值。这说明碱性条件下活性炭对氰化物的吸附效率不及 pH 值在 7～8 范围内时活性炭对氰化物的脱除率。由以上分析可知，改变初始吸附速率 $h$ 值可提高活性炭对氰根离子（CN$^-$）的脱除效率。因此，缩短吸附达到平衡所需时间，一是通过增大溶液浓度，提高吸附质的传质驱动力；二是改变活性炭的物化结构，包括提高微孔率、增大比表面积、改善活性炭表面官能团分布。以上两种方法均可直接提高初始吸附速率 $h$。整体而言，对于商业活性炭和褐煤基活性炭对氰化物的吸附，包括初始吸附速率，观察到类似的趋势。总体而言，无论是褐煤基活性炭还是商业活性炭，它们在达到吸附平衡时以及反应所需时间 $t$ 后吸附界面上溶质的量相差较小。因此，由提质褐煤热解活化制得的活性炭可以替代椰壳质的商业活性炭。

## 6.6.2　颗粒内扩散模型

在本研究中，为了了解氰化物在活性炭上的吸附机理，采用颗粒内扩散模型与前述模型进行拟合参数分布对比分析。表 6.10 和表 6.11 所示分别为在两种不同 pH 值（7～8 以及 10～11）条件下的相关数据，采用颗粒内扩散模型吸附反应时间的平方根以及初始氰化物浓度作为自变量，活性炭与溶液界面上吸附溶质的量 $q_t$ 作为因变量，拟合曲线如图 6.14 和图 6.15 所示。

**表 6.10　pH 值在 7～8 范围内活性炭类型与氰化物浓度对内扩散模型参数分布影响**

| 活性炭 | 浓度/(mg/L) | $k_{int}$/[mg/(g·min$^{1/2}$)] | $C$ | $R^2$ |
|---|---|---|---|---|
| XLT-AC@Fe | 100 | 4.38 | 3.48 | 0.8348 |
| | 220 | 4.82 | 4.39 | 0.7839 |
| | 340 | 5.01 | 4.48 | 0.8393 |
| | 460 | 7.93 | 5.91 | 0.8261 |
| XLW-AC@Fe | 100 | 5.05 | 2.19 | 0.7836 |
| | 220 | 5.33 | 3.94 | 0.7964 |
| | 340 | 6.83 | 4.34 | 0.8037 |
| | 460 | 7.29 | 5.52 | 0.8163 |
| XLT-AC | 100 | 2.38 | 3.39 | 0.6937 |
| | 220 | 4.41 | 4.83 | 0.7346 |
| | 340 | 4.38 | 4.86 | 0.8164 |
| | 460 | 5.81 | 5.09 | 0.7876 |

| 活性炭 | 浓度/(mg/L) | $k_{int}/[\mathrm{mg/(g \cdot min^{1/2})}]$ | $C$ | $R^2$ |
|---|---|---|---|---|
| XLW-AC | 100 | 4.09 | 3.89 | 0.7964 |
| | 220 | 5.19 | 4.27 | 0.8174 |
| | 340 | 6.25 | 4.33 | 0.8401 |
| | 460 | 6.39 | 4.91 | 0.7977 |
| SAC-1 | 100 | 4.85 | 3.94 | 0.8309 |
| | 220 | 5.39 | 4.81 | 0.8173 |
| | 340 | 5.63 | 5.22 | 0.7987 |
| | 460 | 6.47 | 5.32 | 0.8093 |
| SAC-2 | 100 | 4.54 | 3.93 | 0.8181 |
| | 220 | 4.83 | 4.57 | 0.8192 |
| | 340 | 5.39 | 4.83 | 0.7984 |
| | 460 | 6.12 | 5.28 | 0.7957 |

表 6.11　pH 值在 10～11 范围内活性炭类型与氰化物浓度对内扩散模型参数分布影响

| 活性炭 | 浓度/(mg/L) | $k_{int}/[\mathrm{mg/(g \cdot min^{1/2})}]$ | $C$ | $R^2$ |
|---|---|---|---|---|
| XLT-AC@Fe | 100 | 2.48 | 2.11 | 0.7938 |
| | 220 | 4.58 | 4.08 | 0.7886 |
| | 340 | 6.01 | 5.33 | 0.7968 |
| | 460 | 6.49 | 5.93 | 0.8163 |
| XLW-AC@Fe | 100 | 4.93 | 2.98 | 0.8157 |
| | 220 | 5.32 | 4.38 | 0.7798 |
| | 340 | 5.94 | 4.48 | 0.8475 |
| | 460 | 6.32 | 5.71 | 0.7769 |
| XLT-AC | 100 | 3.23 | 3.38 | 0.7495 |
| | 220 | 4.03 | 4.92 | 0.8119 |
| | 340 | 4.78 | 5.04 | 0.8394 |
| | 460 | 5.32 | 5.49 | 0.7693 |
| XLW-AC | 100 | 3.11 | 2.99 | 0.7951 |
| | 220 | 4.26 | 4.33 | 0.8633 |
| | 340 | 4.46 | 4.86 | 0.7907 |
| | 460 | 5.09 | 5.64 | 0.8632 |

| 活性炭 | 浓度/(mg/L) | $k_{int}$/[mg/(g·min$^{1/2}$)] | $C$ | $R^2$ |
|---|---|---|---|---|
| SAC-1 | 100 | 4.21 | 3.88 | 0.8425 |
| | 220 | 4.39 | 4.39 | 0.7964 |
| | 340 | 4.93 | 4.49 | 0.8119 |
| | 460 | 5.84 | 5.01 | 0.7649 |
| SAC-2 | 100 | 3.99 | 3.49 | 0.7987 |
| | 220 | 4.32 | 3.95 | 0.8108 |
| | 340 | 4.82 | 4.71 | 0.8475 |
| | 460 | 6.15 | 5.11 | 0.8227 |

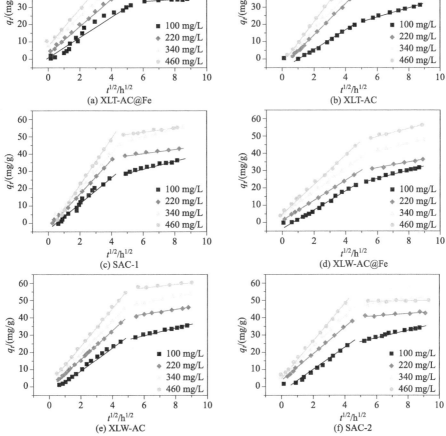

图 6.14  pH 值在 7~8 范围内时活性炭对不同浓度氰化物吸附的颗粒内扩散模型的拟合曲线

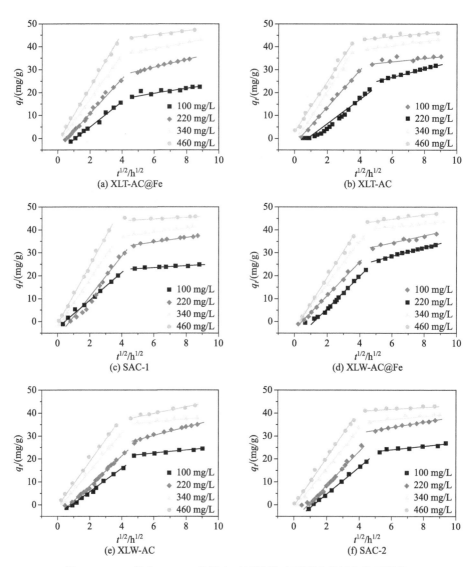

图 6.15　pH 值在 10～11 范围内时活性炭对不同浓度氰化物吸附的
颗粒内扩散模型的拟合曲线

在所有条件下，氰化物在活性炭上的吸附反应过程可分为两个阶段。第一
阶段为从反应开始到 30h，对于较高浓度的氰化物（＞340mg/L），氰化物吸
附达到平衡所需要的时间大于 35h，因此在第一阶段内无法达到吸附平衡，与
低浓度的氰化物吸附过程相比具有较为明显的吸附过程分段特征。这主要是由
于在活性炭吸附过程中，氰化物通过溶液膜扩散到活性炭的外表面，发生传质
过程，高浓度的氰化物达到平衡所需要的时间更长。第二阶段为吸附反应时间
超过 30～35h 后，随着反应时间的继续延长，吸附界面上氰根离子的量 $q_t$ 逐

渐增大，但与第一阶段相比，在反应的第二阶段，氰根离子在活性炭上的吸附速率略低。在相同反应时间内，高浓度的氰化物在活性炭上的吸附量更大。第二阶段的吸附［>(30~35)h］主要是溶液中的氰根离子在活性炭颗粒的孔隙溶液中发生扩散以及氰根离子沿孔隙内壁扩散（颗粒内扩散）的逐渐吸附过程。这些结果表明，氰根离子首先吸附于活性炭的外表面，随着反应的持续进行，活性炭外表面吸附达到饱和，溶液中的氰根离子向颗粒孔隙内表面扩散，发生吸附。

此外，吸附达到平衡所需时间取决于氰化物的初始浓度。在低初始氰化物浓度下吸附反应快速达到平衡，这表明低浓度的氰根离子可以更容易地吸附在活性炭的吸附活性位点上；而在高浓度氰化物条件下，氰化物通过溶液膜扩散到活性炭外表面的速度非常快，随后随着吸附平衡时间的延长，氰化物扩散到活性炭外表面的速度降低。这表明活性炭的有效吸附位数量是否饱和，取决于氰根离子吸附到活性炭表面上活性位点的传质过程，氰根离子吸附在活性炭表面活性位点后，由于高浓度氰化物溶液中还有大量游离的氰根离子未吸附，因此这些游离的氰根离子继续在静电作用以及化学吸附作用下向活性炭孔隙内部迁移、扩散。这反映了活性炭所具有的孔隙结构、比表面积以及表面官能团分布特征在 $CN^-$ 离子扩散到内部吸附活性位点的过程中呈现阻力作用。

对于在颗粒内扩散模型中氰根离子吸附的限速步骤归属于哪个阶段这一问题，本研究认为：在第一反应阶段中，氰根离子通过溶液扩散到活性炭的外表面，这个过程属于自发主动反应；而在吸附反应的第二阶段，发生游离的氰根离子向活性炭孔隙内部迁移、扩散，这个过程是影响整个反应达到最终平衡的限速步骤。总体而言，在现有吸附条件下，颗粒的内扩散模型控制氰根离子在磁性活性炭 XLT/W-AC@Fe、褐煤基活性炭 XLT/W-AC 以及商业活性炭 SAC-1/2 上的吸附过程。

### 6.6.3　吸附机理

氰化物在溶液中电离形成氰根离子 $CN^-$ 以及 $H^+$，使活性炭表面在水中荷电，吸引溶液中的反号离子，排斥同号离子，活性炭表面及其所联系的一层溶液之间形成双电层。由于双电层包括内层（定位离子层）以及紧密层和扩散层，因此活性炭表面即为定位离子层，决定了活性炭表面的总电位。本研究通过改变溶液的 pH 值，使活性炭表面定位离子发生改变，直接改变了溶液的零电点。由于 pH 值的改变，配衡离子与定位离子之间的静电作用力发生改变，改变了在滑移面分布的氰根离子浓度。

因此，滑移面的位置，即扩散层距活性炭表面的距离"C"是影响活性炭对于溶液中氰根离子吸附能力的重要参数之一。表 6.10 和表 6.11 所示分别为 pH 值在 7～8、10～11 范围内活性炭类型与氰化物浓度对内扩散模型参数分布影响。由表 6.10 进一步分析发现，活性炭的颗粒内扩散速率常数 $k_{int}$ 随着氰化物浓度的升高而逐渐增大，特别是磁性活性炭 XLT/W-AC@Fe 的内扩散速率常数 $k_{int}$ 高于其他活性炭，这将有利于增强液膜扩散所控制的溶液中的氰根离子与磁性活性炭吸附活性位点的反应。此外，由表 6.11 可以看出，对所有活性炭吸附氰化物情况，通过颗粒内扩散模型获得的截距 C 值均为正值，且随着氰化物浓度增大，截距 C 值也呈增大的变化趋势。截距 C 大于 0 表明活性炭对于氰根离子的吸附受到活性炭颗粒内扩散控制，同时也受到液膜扩散控制。

这主要是由于活性炭表面黏附着一定厚度的液膜，在氰根离子透过液膜的迁移过程中，利用液膜本身对溶质具有的一定的溶解度，选择性地进行氰根离子传递，带负电的氰根离子与活性炭上的正电荷官能团之间产生静电吸引，使其在活性炭的活性位点上进行吸附。与此同时，活性炭表面及孔隙内壁面上也存在流动的液膜，氰根离子从液相主体运动到液膜表面后，再以离子扩散的方式通过液膜到达固液两相界面，然后在固液相界面参加以静电吸附和化学吸附为主的吸附反应，这表明液膜扩散机理涉及控制高浓度氰化物吸附到活性炭上的反应过程。

## 6.7　本章小结

本章在对浸渍 Fe 的褐煤基磁性活性炭、褐煤基普通活性炭以及商业活性炭进行孔隙结构、XRD、XPS、磁性以及表面形貌表征与分析的基础上，研究了浸渍 Fe 的褐煤基磁性活性炭、褐煤基普通活性炭在不同 pH 值范围内对水溶液中氰化物的脱除率以及 Zeta 电位的影响，并与商业活性炭进行脱除率对比。此外，采用 Langmuir、Freundlich 两参数以及 Redlich-Peterson 三参数等温吸附模型对不同类型活性炭吸附水溶液中氰化物过程数据进行拟合。在此基础上，采用不同动力学模型研究两个不同的 pH 范围（7～8 和 10～11）内活性炭对水溶液中氰化物的吸附过程以及吸附机理，并基于吸附实验结果和分析表征结果对活性炭吸附反应机理进行归纳总结。总结如下：

① 活性炭表征与分析结果表明，以提质褐煤为原料制备的活性炭中含有

大量的微孔结构，微孔平均直径在 $2\sim2.5nm$；提质褐煤半焦基活性炭 XLW-AC 和 XLT-AC 的比表面积分别为 $880m^2/g$ 和 $939m^2/g$，而磁性活性炭 XLW-AC@Fe 和 XLT-AC@Fe 比表面积与 XLW-AC 和 XLT-AC 相比呈降低的变化趋势，分别达到 $775m^2/g$ 和 $790m^2/g$。与活性炭 XLT-AC 相比，磁性活性炭 XLT-AC@Fe 的饱和磁化强度增大了 19.75 倍。不同材质的磁性活性炭，其饱和磁化强度差异很大。以生物质基活性炭为原料制备的磁性活性炭，其饱和磁化强度高于煤基活性炭。对磁性活性炭 XLT-AC@Fe 和 XLW-AC@Fe 的表面铁氧化物含量进行测量发现，其值分别为 12.34% 和 10.09%。TEM 结果证实磁铁矿（$Fe_3O_4$）颗粒的存在堵塞了活性炭的内部孔隙。

② 随着 pH 值的增大，氰化物的脱除率呈现先增大后降低的变化趋势。由于磁性活性炭中铁氧化物进入活性炭的孔隙通道或位于活性炭表面，在较低的 pH 值的条件下形成活性位点（Fe—OH），类似的活性位点对于水溶液中的氰根离子（$CN^-$）具有很强的静电吸附作用。当溶液中的 pH 值处于酸性条件下时，磁性活性炭对于氰化物的脱除率始终维持在较高的水平。不同 pH 值条件下活性炭的 Zeta 电位分布表明，活性炭的表面化学特性和水溶液中离子解离程度影响氰化物的吸附机理。活性炭对于氰化物的吸附机理不只取决于活性炭本身和活性炭表面电荷分布，在吸附氰化物过程中涉及物理吸附、化学吸附以及离子交换吸附三种不同类型的吸附作用机理。

③ 当活性炭中可用活性位点数量受到限制时，活性位点对于较高初始浓度的氰化物的吸附能力有限。无论是磁性活性炭，还是商业活性炭，它们的吸附能力都随着氰化物浓度的增加而降低。制备磁性活性炭 XLT-AC@Fe 的过程中，Fe 在其中的含量大于磁性活性炭 XLW-AC@Fe 中的铁含量，磁性活性炭 XLT-AC@Fe 对于氰化物的脱除性能高于 XLW-AC@Fe。磁性活性炭 XLT-AC@Fe/XLW-AC@Fe 对于氰化物的脱除率比提质褐煤半焦基活性炭 XLT-AC/XLW-AC 高出 25%～30%。pH 值对于商业活性炭对氰化物的脱除率的影响与 pH 值对于磁性活性炭对氰化物的脱除率的影响正好相反。

④ 采用 Langmuir 模型对氰化物在活性炭上的吸附进行拟合时，平均相对误差（$e$）值最小，在 $1.68\sim1.88$ 范围内，表明氰根离子是以单层形式覆盖在活性炭的表面，并且活性炭表面存在的活性位点对于 $CN^-$ 离子的吸附活化能相等，证实了活性炭对溶液中氰化物的吸附符合 Langmuir 模型。磁性活性炭 XLT-AC@Fe、XLW-AC@Fe 在 pH 值处于 $10\sim11$ 范围内时对于氰化物的吸附能力最强。具体而言，pH 值在 $7\sim8$ 范围内时，活性炭对氰化物的吸附能力大小顺序为 XLT-AC@Fe＞XLW-AC@Fe＞XLT-AC＞SAC-1＞XLW-AC＞SAC-2，对应采用线性拟合获得的活性炭表面单层对氰化物的最大饱和吸附量

$Q_0$ 分别为 74.39mg/g、71.48mg/g、66.19mg/g、64.38mg/g、64.29mg/g、63.72mg/g；而 pH 值在 10～11 范围内时，对氰化物的吸附能力大小顺序为 XLT-AC＞SAC-1＞SAC-2＞XLW-AC＞XLW-AC@Fe＞XLT-AC@Fe。

⑤ pH 值在 7～8 范围内时，采用线性和非线性形式的准二级动力学模型获得的计算值与实验值具有更好的相关性。溶液 pH 值对磁性活性炭吸附氰化物具有重要影响。pH 值为 7～8 时，由于静电吸附和离子交换作用，氰化物在磁性活性炭 XLW/T-AC@Fe 上的吸附率最大。颗粒内扩散模型表明，氰化物在活性炭上的吸附过程可分为两个阶段，且氰化物脱除率不仅受颗粒内扩散控制，也受到膜扩散控制。确定了氰根离子首先吸附于活性炭的外表面，随着反应的持续进行，活性炭外表面吸附达到饱和，溶液中的氰根离子向颗粒孔隙内表面扩散，发生吸附。

# 参考文献

[1] Crompton P，Wu Y. Energy consumption in China：past trends and future directions [J]. Energy Economics，2005，27（1）：195-208.

[2] Chen Z M，Chen G Q. An overview of energy consumption of the globalized world economy [J]. Energy Policy，2011，39：5920-5928.

[3] 丁肖肖，李洪娟，王亚涛.褐煤低温热解分级利用现状分析及展望 [J].洁净煤技术，2019，25（05）：4-10.

[4] 卜颖颖.振动流化床干燥褐煤过程中的传热特性研究 [D].徐州：中国矿业大学，2014.

[5] Tahmasebi A，Yu J，Han Y，et al. A kinetic study of microwave and fluidized-bed drying of a Chinese lignite [J]. Chemical Engineering Research & Design，2014，92（1）：54-65.

[6] Ohm T I，Chae J S，Lim J H，et al. Evaluation of a hot oil immersion drying method for the upgrading of crushed low-rank coal [J]. Journal of Mechanical Science and Technology，2012，26（4）：1299-1303.

[7] Ohm T I，Chae J S，Lim K S，et al. The evaporative drying of sludge by immersion in hot oil：Effects of oil type and temperature [J]. Journal of Hazardous Materials，2010，178（1-3）：483-488.

[8] 周新志，邵伦，崔峃，等.褐煤微波干燥提质生产线的多级功率控制系统研究 [J].化工学报，2018，69（S2）：284-292.

[9] Song Z，Yao L，Jing C，et al. Elucidation of the Pumping Effect during Microwave Drying of Lignite [J]. Industrial & Engineering Chemistry Research，2016，26（6）：3167-3176.

[10] Wu J，Liu J，Zhang X，et al. Chemical and structural changes in XiMeng lignite and its carbon migration during hydrothermal dewatering [J]. Fuel，2015，148（15）：139-144.

[11] Hulston J，Favas G，Chaffee A L. Physico-chemical properties of Loy Yang lignite dewatered by mechanical thermal expression [J]. Fuel，2005，84（14-15）：1940-1948.

[12] Zhang Y，Wu J，Ma J，et al. Study on lignite dewatering by vibration mechanical thermal expression process [J]. Fuel Processing Technology，2015，130：101-106.

[13] Nikolaos Nikolopoulos，Violidakis I，Kakaras E，et al. Report on comparison among current industrial scale lignite drying technologies（A critical review of current technologies）[J]. Fuel，2015，155：86-114.

[14] Tahmasebi A，Yu J，Han Y，et al. Study of Chemical Structure Changes of Chinese Lignite upon Drying in Superheated Steam，Microwave，and Hot Air [J]. Energy & Fuels，2012，26（6）：3651-3660.

[15] Zhao Y，Zhao G，Sun R，et al. Effect of the COMBDry Dewatering Process on Combustion Reactivity and Oxygen-Containing Functional Groups of Dried Lignite [J]. Energy & Fuels，2017，31（4）：4488-4498.

[16] Lijun Jin，Yang Li，Lin Lin，et al. Drying characteristic and kinetics of Huolinhe lignite in nitrogenand methane atmospheres [J]. Fuel，2015，152：80-87.

[17] Hongyu Zhao，Yuhuan Li，Qiang Song，et al. Drying，re-adsorption characteristics，and combustion kinetics of Xilingol lignite in different atmospheres [J]. Fuel，2017，210：592-604.

[18] Jiewu Tang，Li Feng，Yajun Li，et al. Fractal and pore structure analysis of Shengli lignite during drying process [J]. Powder Technology，2016，303：251-259.

[19] Xiangchun Liu，Tsuyoshi Hirajimaa，Moriyasu Nonaka，et al. Experimental study on freeze drying of Loy Yang lignite and inhibiting water re-adsorption of dried lignite [J]. Colloids and Surfaces A Physicochemical & Engineering Aspects，2017，520：146-153.

[20] Pengfei Zhao，Liping Zhong，Ran Zhu，et al. Drying characteristics and kinetics of Shengli lignite using differentdrying methods [J]. Energy Conversion and Management，2016，120：330-337.

[21] Pusat S，Akkoyunlu M T，Erdem Hasan Hüseyin，et al. Drying kinetics of coarse lignite particles in a fixed bed [J]. Fuel Processing Technology，2015，130：208-213.

[22] 虞育杰. 褐煤水脱水提质制备高浓度水煤浆的基础研究 [D]. 杭州：浙江大学，2013.

[23] Wan K，Pudasainee D，Kurian V，et al. Changes in Physicochemical Properties and the Release of Inorganic Species during Hydrothermal Dewatering of Lignite [J]. Industrial & Engineering Chemistry Research，2019，58（29）：13294-13302.

[24] 刘红缨，郜翔，张明阳，等. 水热法改性褐煤及含氧官能团与水相互作用的研究 [J]. 燃料化学学报，2014，42（3）：284-289.

[25] Jianzhong Liu，Junhong Wu，Jiefeng Zhu，et al. Removal of oxygen functional groups in lignite by hydrothermal dewatering：An experimental and DFT study [J]. Fuel，2016，178：85-92.

[26] Junjie Liao，Yi Fei，Marc Marshall，et al. Hydrothermal dewatering of a Chinese lignite and properties of the solidproducts [J]. Fuel，2016，180：473-480.

[27] Yuhuan Li，Hongyu Zhao，Qiang Song，et al. Influence of critical moisture content in lignite dried by two methods on its physicochemical properties during oxidation at low temperature [J]. Fuel，2018，211：27-37.

[28] Qiong Mo，Junjie Liao，Liping Chang，et al. Transformation behaviors of C，H，O，

N and S in lignite during hydrothermal dewatering process [J]. Fuel, 2019, 236: 228-235.

[29] Runze Zhao, Youqing Wu, Sheng Huang, et al. Effect of decomposition of oxygen-containing structures on the conversion of lignite in the presence of hydrogen donor solvent [J]. Journal of Analytical and Applied Pyrolysis, 2020, 145: 104743.

[30] Jonathan P Mathews, Caroline Burgess-Clifford, Paul Painter. Interactions of Illinois No. 6 Bituminous Coal with Solvents: A Review of Solvent Swelling and Extraction Literature [J]. Energy Fuels, 2015, 29: 1279-1294.

[31] Wang W, Yong Q, Sang S, et al. Geochemistry of rare earth elements in a marine influenced coal and its organic solvent extracts from the Antaibao mining district, Shanxi, China [J]. International Journal of Coal Geology, 2008, 76 (4): 309-317.

[32] Takanohashi T, Iino M. Extraction of Argonne Premium coalsamples with CS2-N-methyl-2-pyrrolodinone mixed solvent at room temperature and ERS parameters of their solvent extracts and residues [J]. Energy Fuels, 1990, 4: 452-455.

[33] Nishioka M, Laird W, Bendale P G, et al. New direction to preconversion processing for coal liquefaction [J]. Energy Fuels, 1994, 8 (3): 643-648.

[34] shizuka T, Takanohashi T, Ito O, et al. Effects of additives and oxygen on extraction yield with CS2-NMP mixed-solvent for Argonne Premium coal samples [J]. Fuel, 1993, 72 (4): 579-580.

[35] Nishioka M. Multistep extraction of coal [J]. Fuel, 1991, 70 (12): 1413-1419.

[36] Iino M, Takanohashi T, Li C Q, et al. Increase inextraction yields of coals by water treatment [J]. Energy Fuels, 2004, 18 (5): 1414-1418.

[37] Wenjing He, Zhenyu Liu, Qingya Liu, et al. Behavior of radicals during solvent extraction of three low rank bituminous coals [J]. Fuel Processing Technology, 2017, 156: 221-227.

[38] Arash Tahmasebi, Yu Jiang, Jianglong Yu, et al. Solvent extraction of Chinese lignite and chemical structure changes of the residue during $H_2O_2$ oxidation [J]. Fuel Processing Technology, 2015, 129: 213-221.

[39] Liangping Zhang, Song Hu, Syed Shatir A Syed-Hassan, et al. Mechanistic influences of different solvents on microwave-assisted extraction of Shenfu low-rank coal [J]. Fuel Processing Technology, 2017, 166: 276-281.

[40] Fujitsuka H, Ashida R, Miura K. Upgrading and dewatering of low rank coals through solvent treatment at around 350℃ and low temperature oxygen reactivity of the treated coals [J]. Fuel Process Technol, 2013, 114 (1): 16-20.

[41] Miura K, Shimada M, Mae K, et al. Extraction of coal below 350℃ in flowing non-polar solvent [J]. Fuel, 2001, 80 (11): 1573-1582.

[42] Liu M, Li J, Duan Y. Effects of solvent thermal treatment on the functional groups transformation and pyrolysis kinetics of Indonesian lignite [J]. Energy Conversion and Management, 2015, 103 (10): 66-72.

[43] Jingchong Yan, Zonqing Bai, Jin Bai, et al. Effects of organic solvent treatment on the chemical structure and pyrolysis reactivity of brown coal [J]. Fuel, 2014, 128: 39-45.

[44] Daniel Van Niekerk, Jonathan P Mathews. Molecular dynamic simulation of coal-solvent interactions in Permian-aged South African coals [J]. Fuel Processing Technology, 2011, 92: 729-734.

[45] 芦涛, 张雷, 张晔, 等. 煤灰中矿物质组成对煤灰熔融温度的影响 [J]. 燃料化学学报, 2010 (01): 23-28.

[46] Bithi Roy, Choo W L, Bhattacharya S. Prediction of distribution of trace elements under Oxy-fuel combustion condition using Victorian brown coals [J]. Fuel, 2013, 114: 135-142.

[47] Wang B, Li W, Li B, et al. Study on the fate of As, Hg and Pb in Yima coal via subcritical water extraction [J]. Fuel, 2007, 86 (12-13): 1822-1830.

[48] Zhuang X, Li J, Querol X. New data on mineralogy and geochemistry of high-Ge coals in the Yimin coalfield, Inner Mongolia, China [J]. International Journal of Coal Geology, 2014, 1125: 10-21.

[49] Kolker A, Huggins, et al. Mode of occurrence of arsenic in four US coals [J]. Fuel Process Technol, 2000, 63 (2): 167-178.

[50] Li X, Dai S, Zhang W, et al. Determination of As and Se in coal and coal combustion products using closed vessel microwave digestion and collision/reaction cell technology (CCT) of inductively coupled plasma mass spectrometry (ICP-MS) [J]. International Journal of Coal Geology, 2014, 124: 1-4.

[51] Clarke L B, Sloss L L. Trace elements emissions from coal combustion and gasification [J]. IEACR/49, London, UK: IEA Coal Research, 1992.

[52] Hailiang Lu, Chen H, Li W, et al. Occurrence and volatilization behavior of Pb, Cd, Cr in Yima coal during fluidized-bed pyrolysis [J]. Fuel, 2004, 83: 39-45.

[53] Zhang L, Chen Z, Guo J, et al. Distribution of heavy metals and release mechanism for respirable fine particles incineration ashes from lignite [J]. Resources, Conservation and Recycling, 2021, 166: 105282.

[54] U Urum M. A study of removal of Pb heavy metal ions from aqueous solution using lignite and a new cheap adsorbent (lignite washing plant tailings) [J]. Fuel, 2009, 88 (8): 1460-1465.

[55] Jordan, Kortenski, et al. Trace and major element content and distribution in Neogene lignite from the Sofia Basin, Bulgaria [J]. International Journal of Coal Geology, 2002,

52 (1-4)：63-82.

[56] Xiang F，He Y，Kumar S，et al. Influence of hydrothermal dewatering on trace element transfer in Yimin coal [J]. Applied Thermal Engineering，2017，117：675-681.

[57] Wang B，Li W，Li B，et al. Study on the fate of As，Hg and Pb in Yima coal via subcritical water extraction [J]. Fuel，2007，86 (12-13)：1822-1830.

[58] Liu J，Yang Z，Yan X，et al. Modes of occurrence of highly-elevated trace elements in superhigh-organic-sulfur coals [J]. Fuel，2015，156：190-197.

[59] Chen G，Yang X，Chen S，et al. Transformation of heavy metals in lignite during supercritical water gasification [J]. Applied Energy，2017，187：272-280.

[60] 王馨，姚多喜，冯启言. 褐煤燃烧过程中重金属元素分布特征及其对环境影响评价 [J]. 环境科学学报，2013，33 (05)：1389-1395.

[61] 赵承美，孙俊民，刘惠永. 褐煤与烟煤燃烧排放可吸入颗粒物的特性 [J]. 环境科学与技术，2010，33 (12)：140-143.

[62] 陈桂芳. 煤在超临界水反应过程中的污染物迁移特性研究 [D]. 济南：山东大学，2014.

[63] A Adam Nadudvari，Barbara Kozielska，Anna Abramowicz，et al. Heavy metal and organic-matter pollution due to self-heating coal-waste dumps in the Upper Silesian Coal Basin (Poland) [J]. Journal of Hazardous Materials，2021，412：125244.

[64] Huimin Liu，Chunbo Wang，Chan Zou，et al. Vaporization model of arsenic during single-particle coal combustion：Numerical simulation [J]. Fuel，2021，287：119412.

[65] A Y Y，A H H，A X K，et al. Insight of arsenic transformation behavior during high-arsenic coal combustion [J]. Proceedings of the Combustion Institute，2019，37 (4)：4443-4450.

[66] Zhou E，Fan X，Dong L，et al. Process optimization for arsenic removal of fine coal in vibrated dense medium fluidized bed [J]. Fuel，2018，212：566-575.

[67] Schwieger A C，Gebauer K，Ohle A，et al. Determination of mercury binding forms in humic substances of lignite [J]. Fuel，2020，274：117800.

[68] Inchen Ma，XinTian，Bo Zhao，et al. Behavior of mercury in chemical looping with oxygen uncoupling of coal [J]. Fuel Processing Technology，2021，216：106747.

[69] Qian Li，Hengdi Ye，Zhihua Wang，et al. Characteristics and evolution of products under moderate and high temperature coal pyrolysis in drop tube furnace [J]. Journal of the Energy Institute，2021，96：121-127.

[70] Liangzhou Chen，Xuyao Qi，Jian Yang，et al. Thermogravimetric and infrared spectral analysis of candle coal pyrolysis under low-oxygen concentration [J]. Thermochimica Acta，2021，696：178840.

[71] Kim H，Kim B，Lim H，et al. Effect of liquid carbon dioxide on coal pyrolysis and

gasification behavior at subcritical pressure conditions [J]. Chemical Engineering Science, 2020, 231: 116292.

[72] Yuan Jiang, Peijie Zong, Xue Ming, et al. High-temperature fast pyrolysis of coal: An applied basic research using thermal gravimetric analyzer and the downer reactor [J]. Energy, 2021, 223: 119977.

[73] Tianju Chen, Ke Zhang, Mo Zheng, et al. Thermal properties and product distribution from pyrolysis at high heating rate of Naomaohu coal [J]. Fuel, 2021, 292: 120238.

[74] Jun Xu, Xingrui Xiang, Kai Xu, et al. Developing micro-Raman spectroscopy for char structure characterization in the scale of micro-and bulk: A case study of Zhundong coal pyrolysis [J]. Fuel, 2021, 291: 120168.

[75] Zhang K, Lu P, Guo X, et al. High-temperature pyrolysis behavior of two different rank coals in fixed-bed and drop tube furnace reactors [J]. Journal Energy Institute, 2020, 93: 2271-2279.

[76] Zhou B, Liu Q, Shi L, et al. A novel vacuumed hermetic reactor and its application in coal pyrolysis [J]. Fuel, 2019, 255: 115774. 1-115774. 8.

[77] Song Q, Zhao H, Chang S, et al. Study on the catalytic pyrolysis of coal volatiles over hematite for the production of light tar [J]. Journal of Analytical and Applied Pyrolysis, 2020, 151: 104927.

[78] Lv P, Yan L, Y Liu, et al. Catalytic conversion of coal pyrolysis vapors to light aromatics over hierarchical Y-type zeolites [J]. Journal of the Energy Institute, 2020, 93 (4): 1354-1363.

[79] Zhang T, Wang Q, Lv X, et al. Transformation of primary siderite during coal catalytic pyrolysis and its effects on the growth of carbon nanotubes [J]. Fuel Processing Technology, 2020, 198: 106235.

[80] Da Z, Lja B, Mei Z, et al. Catalytic performance of modified kaolinite in pyrolysis of benzyl phenyl ether: A model compound of low rank coal [J]. Journal of the Energy Institute, 2020, 93 (6): 2314-2324.

[81] Kwon G, Park Y K, Ok Y S, et al. Catalytic pyrolysis of low-rank coal using Fe-carbon composite as a catalyst [J]. Energy Conversion & Management, 2019, 199 (11): 111978. 1-111978. 7.

[82] Wang D, Chen Z, Zhou Z, et al. Catalytic upgrading of volatiles from coal pyrolysis over sulfated carbon-based catalysts derived from waste red oil [J]. Fuel Processing Technology, 2019, 189: 98-109.

[83] Wang M, Jin L, Li Y, et al. In-situ catalytic upgrading of coal pyrolysis tar coupled with $CO_2$ reforming of methane over Ni-based catalysts [J]. Fuel Processing Technology, 2018, 177: 119-128.

［84］ Shiwen Fang，Yan Lin，Zhen Huang，et al. Investigation of co-pyrolysis characteristics and kinetics of municipal solid waste and paper sludge through TG–FTIR and DAEM ［J］. Thermochimica Acta，2021，178889.

［85］ Zhang Q，Wu Y，Li W F，et al. Volatilization of phosphorus during co-pyrolysis of sewage sludge and coal ［J］. Journal of Fuel Chemistry and Technology，2012，40（6）：666-671.

［86］ Xiao，Pu，Ling，et al. Co-pyrolysis characteristics of coal and sludge blends using thermogravimetric analysis ［J］. Environmental Progress & Sustainable Energy，2015，34（6）：1780-1789.

［87］ Xi Z，Yin W，Jian Y，et al. Coal Pyrolysis in a Fluidized Bed for Adapting to a Two-Stage Gasification Process ［J］. Energy & Fuels，2011，25：1092-1098.

［88］ Xi Z，Fang W A，Zh C，et al. Assessment of char property on tar catalytic reforming in a fluidized bed reactor for adopting a two-stage gasification process ［J］. Applied Energy，2019，248：115-125.

［89］ Deng G，Li K，Zhang G，et al. Enhanced performance of red mud-based oxygen carriers by CuO for chemical looping combustion of methane ［J］. Applied Energy，2019，253：113534. 1-113534. 10.

［90］ Zheng X，Su Q，Mi W. Study of a Cu-Based Oxygen Carrier Based on a Chemical Looping Combustion Process ［J］. Energy & Fuels，2015，29：3933-3943.

［91］ Tian X，Zhao H，Ma J. Cement bonded fine hematite and copper ore particles as oxygen carrier in chemical looping combustion ［J］. Applied Energy，2017，204：242-253.

［92］ Xu D P，Yoon S H，Mochida I，et al. Synthesis of mesoporous carbon and its adsorption property to biomolecules ［J］. Microporous & Mesoporous Materials，2008，115（3）：461-468.

［93］ 李玉环. 污泥活性炭的制备及其在污水中的应用研究 ［D］. 呼和浩特：内蒙古工业大学，2018.

［94］ 曹旭平，吴蓉蓉，等. 中国活性炭国际竞争力评价 ［J］. 西北林学院学报，2009（01）：161-164.

［95］ Jimenez V，Ramirez-Lucas A，Sanchez P，et al. Hydrogen storage in different carbon materials：Influence of the porosity development by chemical activation ［J］. Applied Surface Science，2012，258（7）：2498-2509.

［96］ Zhao W，Fierro V，N Fernández-Huerta，et al. Impact of synthesis conditions of KOH activated carbons on their hydrogen storage capacities ［J］. International Journal of Hydrogen Energy，2012，37（19）：14278-14284.

［97］ Dong F，Liu C，Wu M，et al. Hierarchical Porous Carbon Derived from Coal Tar Pitch Containing Discrete Co-Nx-C Active Sites for Efficient Oxygen Electrocatalysis and Rechargeable Zn-Air Batteries [J]. ACS Sustainable Chemistry&Engineering, 2019, 7: 8587-8596.

[98] Bajpai, Pramod K, Goel, et al. Mesoporous carbon adsorbents from melamine-formal-dehyde resin using nanocasting technique for $CO_2$ adsorption [J]. Journal of environmental sciences, 2015, 15: 887-892.

[99] Maroto-Valer M M, Zhe L, Zhang Y, et al. Sorbents for $CO_2$ capture from high carbon fly ashes [J]. Waste Manag, 2008, 28 (11): 2320-2328.

[100] Yaumi A L, Abu Bakar M Z, Hameed B H. Recent advances in functionalized composite solid materials for carbon dioxide capture [J]. Energy, 2017, 124: 461-480.

[101] Qi S C, Liu Y, Peng A Z, et al. Fabrication of porous carbons from mesitylene for highly efficient $CO_2$ capture: A rational choice improving the carbon loop [J]. Chemical Engineering Journal, 2019, 361: 945-952.

[102] Fadhil A B, Ahmed A I, Salih H A. Production of liquid fuels and activated carbons from fish waste [J]. Fuel, 2017, 187: 435-445.

[103] Jeder A, Sanchez-Sanchez A, Gadonneix P, et al. The severity factor as a useful tool for producing hydrochars and derived carbon materials [J]. Environmental Science and Pollution Research, 2018, 25 (2): 1497.

[104] Schaefer S, Mulz G, Izquierdo M T, et al. Rice straw-based activated carbons doped with SiC for enhanced hydrogen adsorption [J]. International Journal of Hydrogen Energy, 2017, 42 (16): 11534-11540.

[105] Rashidi N A, Yusup S. An overview of activated carbons utilization for the post-combustion carbon dioxide capture [J]. Journal of $CO_2$ Utilization, 2016, 13: 1-16.

[106] Mukherjee A, Okolie J A, Abdelrasoul A, et al. Review of post-combustion carbon dioxide capture technologies using activated carbon [J]. Journal of Environmental Sciences, 2019, 83: 46-63.

[107] Sevilla M, Fuertes A B. Sustainable porous carbons with a superior performance for $CO_2$ capture [J]. Energy & Environmental Science, 2011, 4: 1765-1765.

[108] Lou Y C, Qi S C, Xue D M, et al. Solvent-free Synthesis of N-Containing Polymers with High Cross-linking Degree to Generate N-doped Porous Carbons for High-Efficiency $CO_2$ Capture [J]. Chemical Engineering Journal, 2020, 399: 125845.

[109] Duy Anh Khuong, Hong Nam Nguyen, Toshiki Tsubota. Activated carbon produced from bamboo and solid residue by $CO_2$ activation utilized as $CO_2$ adsorbents [J]. Biomass and Bioenergy, 2021, 148: 106039.

[110] Yavuz Gokce, Savas Yaglikci, Emine Yagmur, et al. Adsorption behaviour of high performance activated carbon from demineralised low rank coal (Rawdon) for methylene blue and phenol [J]. Journal of Environmental Chemical Engineering, 2021, 9

(2): 104819.

[111] Enrique García-Díez, Alberto Castro-Muñizb, Juan Ignacio Paredes, et al. $CO_2$ capture by novel hierarchical activated ordered micro-mesoporous carbons derived from low value coal tar products [J]. Microporous and Mesoporous Materials, 2021, 318: 110986.

[112] Shi M, Xin Y, Chen X, et al. Coal-derived porous activated carbon with ultrahigh specific surface area and excellent electrochemical performance for supercapacitors [J]. Journal of Alloys and Compounds, 2020, 8: 157856.

[113] Song G, Deng R, Yao Z, et al. Anthracite coal-based activated carbon for elemental Hg adsorption in simulated flue gas: Preparation and evaluation [J]. Fuel, 2020, 275: 117921.

[114] Hassan, Shokry, Marwa, et al. Nano activated carbon from industrial mine coal as adsorbents for removal of dye from simulated textile wastewater: operational parameters and mechanism study [J]. Journal of Materials Research and Technology, 2018, 8 (5): 4477-4488.

[115] Larissa F Costa, Luis A M. Ruotolo, Lucas S Ribeiro, et al. Low-cost magnetic activated carbon with excellent capacity for organic adsorption obtained by a novel synthesis route [J]. Journal of Environmental Chemical Engineering, 2021, 9 (2): 105061.

[116] Ss A, Ztb C, Asb D. Fabrication of magnetic activated carbon by carbothermal functionalization of agriculture waste via microwave-assisted technique for cationic dye adsorption [J]. Advanced Powder Technology, 2020, 31 (10): 4301-4309.

[117] Miao Lv, Dongyi Li, Zhaohan Zhang, et al. Unveiling the correlation of $Fe_3O_4$ fractions upon the adsorption behavior of sulfamethoxazole on magnetic activated carbon [J]. Science of the Total Environment, 2021, 757 (25): 143717.

[118] Mohammadi S Z, Darijani Z, Karimi M A. Fast and efficient removal of phenol by magnetic activated carbon-cobalt nanoparticles [J]. Journal of Alloys and Compounds, 2020, 832: 154942.

[119] Jiang Y, Xie Q, Zhang Y, et al. Preparation of magnetically separable mesoporous activated carbons from brown coal with $Fe_3O_4$ [J]. International Journal of Mining Science and Technology, 2019, 029 (003): 513-519.

[120] Monser L, Adhoum N. Modified activated carbon for the removal of copper, zinc, chromium and cyanide from wastewater [J]. Separation & Purification Technology, 2002, 26 (2): 137-146.

[121] Dash R R, Balomajumder C, Kumar A. Removal of cyanide from water and wastewater using granular activated carbon [J]. Chemical Engineering Journal, 2009, 146 (3): 408-413.

[122] Barya，B SC，C AC，et al. Removal of cyanide in aqueous solution by oxidation with hydrogen peroxide in presence of copper-impregnated activated carbon [J]. Minerals Engineering，2011，24（8）：788-793.

[123] Behnamfard A，Salarirad M M. Equilibrium and kinetic studies on free cyanide adsorption from aqueous solution by activated carbon [J]. Journal of Hazardous Materials，2009，170（1）：127-133.

[124] Lv J，Wang D，Wang M，et al. Integrated coal pyrolysis with dry reforming of low carbon alkane over $Ni/La_2O_3$ to improve tar yield [J]. Fuel，2020，266：117092.

[125] 徐志强，辛凡文，涂亚楠. 褐煤微波脱水过程中水分的迁移规律和界面改性研究 [J]. 煤炭学报，2014，39（01）：147-153.

[126] 肖武，余江龙，韩艳娜. 褐煤含氧官能团对褐煤中水分特性的影响 [J]. 煤炭转化，2014，37（004）：1-4.

[127] Zhang Y，Jing X，Jing K，et al. Study on the pore structure and oxygen-containing functional groups devoting to the hydrophilic force of dewatered lignite [J]. Applied Surface Science，2015，324：90-98.

[128] Yonggang Wang，Jianlin Zhou，et al. Impacts of Inherent O-Containing Functional Groups on the Surface Properties of Shengli Lignite [J]. Energy & Fuels，2014，28（2）：862-867.

[129] Haddad K，Jeguirim M，Jellali S，et al. Combined NMR structural characterization and thermogravimetric analyses for the assessment of the AAEM effect during lignocellulosic biomass pyrolysis [J]. Energy，2017，134：10-23.

[130] 汪爱国，栾海燕，张谦，等. 溶剂萃取法脱除褐煤中含氧化合物的工艺研究 [J]. 煤炭科学技术，2013，041（011）：113-115，119.

[131] 刘鹏，周扬，鲁锡兰，等. 先锋褐煤在水热处理过程中的结构演绎 [J]. 燃料化学学报，2016，44（2）：129-137.

[132] Kang S G，Zong Z M，Shui H，et al. Comparison of catalytic hydroliquefaction of Xiaolongtan lignite over FeS，FeS＋S and $SO_4^{2-}/ZrO_2$ [J]. Energy，2011，36（1）：41-45.

[133] Gao，Jin-Sheng，Wu，et al. Roles of $Na_2CO_3$ in lignite hydroliquefaction with Fe-based catalyst [J]. Fuel Processing Technology，2015，138：109-115.

[134] 张军营，任德贻. 煤中微量元素赋存状态研究方法 [J]. 煤炭转化，1998，021（004）：12-17.

[135] 代世峰，任德贻，周义平，等. 煤型稀有金属矿床：成因类型、赋存状态和利用评价 [J]. 煤炭学报，2014，39（08）：1707-1715.

[136] Kolker A，Huggins F E，Palmer C A，et al. Mode of occurrence of arsenic in four US coals [J]. Fuel Processing Technology，2000，63（2）：167-178.

[137] 宋党育，张晓逵，张军营，等.煤中有害微量元素的洗选迁移特性 [J].煤炭学报，2010，35（07）：1170-1176.

[138] 唐慧儒，黄镇宇，沈铭科，等.褐煤脱水及水质净化研究 [J].中国环境科学，2015，35（03）：735-741.

[139] Liu J，Zhang X，Lu Q，et al. Mechanism Study on the Effect of Alkali Metal Ions on the Formation of HCN as $NO_x$ Precursor during coal pyrolysis [J]. Journal of the Energy Institute，2018，92：604-612.

[140] Yu J，Guo Q，Ding L，et al. Study on the effect of inherent AAEM on char structure evolution during coal pyrolysis by in-situ Raman and TG [J].Fuel，2021，292（3）：120406.

[141] 赵洪宇，李玉环，任善普，等.钙、镍离子负载方式对烟煤热解-气化特性影响及煤焦结构分析 [J].煤炭学报，2015，40（12）：2939-2947.

[142] 熊杰，周志杰，许慎启，等.碱金属对煤热解和气化反应速率的影响 [J].化工学报，2011（01）：192-198.

[143] Shinya，Yoshida，Jun，et al. Coal/$CO_2$ Gasification System Using Molten Carbonate Salt for Solar/Fossil Energy Hybridization [J]. Energy & Fuels，1999，13（5）：961-964.

[144] 赵洪宇，任善普，贾晋炜，等.钙、镍离子3种不同负载方式对褐煤热解-气化特性影响 [J].煤炭学报，2015（07）：1660-1669.

[145] Zhang C，Chen G，Gupta R，et al. Emission control of Hg and sulfur by mild thermalupgrading of coal [J]. Energy Fuels 2009；23：766-773.

[146] Shuvaeva O V，Gustaytis M A，Anoshin G N. Mercury speciation in environmentalsolid samples using thermal release technique with atomic absorption detection [J]. Anal Chim Acta，2008，621：148-154.

[147] Xu P，Luo G，Zhang B，et al. Influence of low pressure on mercury removal from coals via mild pyrolysis [J]. Appl Therm Eng，2017，113：1250-1255.

[148] Zeng D，Qiu Y，Zhang S，et al. Synergistic effects of binary oxygen carriers during chemical looping hydrogen production [J]. International Journal of Hydrogen Energy，2019，44（39）：21290-21302.

[149] Tao F F，Shan J J，Nguyen L，et al. Understanding complete oxidation of methane on spinel oxides at a molecular level [J]. Nat Commun，2015，6：7798.

[150] LW A，BC A，LG A，et al. Effect of sodium on three-phase nitrogen transformation during coal pyrolysis：A qualitative and semi-quantitative investigation [J]. Fuel Processing Technology，2020，213：106638.

[151] Duman G，Watanabe T，Uddin M A，et al. Steam gasification of safflower seed cake and catalytic tar decomposition over ceria modified iron oxide catalysts [J]. Fuel Pro-

cessing Technology, 2014, 126: 276-283.

[152] Song X, Gunawan P, Jiang R, et al. Surface activated carbon nanospheres for fast adsorption of silver ions from aqueous solutions [J]. Journal of Hazardous Materials, 2011, 194: 162-168.

[153] Na L, Ma X, Zha Q, et al. Maximizing the number of oxygen-containing functional groups on activated carbon by using ammonium persulfate and improving the temperature-programmed desorption characterization of carbon surface chemistry [J]. Carbon, 2011, 49 (15): 5002-5013.

[154] 惠贺龙, 李松庚, 宋文立. 生物质与废塑料催化热解制芳烃（Ⅰ）: 协同作用的强化 [J]. 化工学报, 2017, 68 (10): 3832-3840.

[155] Song K, Lu M, Xu S, et al. Effect of alloy composition on catalytic performance and coke-resistance property of Ni-Cu/Mg（Al）O catalysts for dry reforming of methane [J]. Applied Catalysis B: Environmental, 2018, 239: 324-333.

[156] Qiang T, Che L, Ding B, et al. Performance of a Cu-Fe-based oxygen carrier combined with a Ni-based oxygen carrier in a chemical looping combustion process based on fixed-bed reactors [J]. Greenhouse Gases Science & Technology, 2018, 8.

[157] Kwak B S, Park N K, Ryu S O, et al. Improved reversible redox cycles on $MTiO_x$ （M=Fe, Co, Ni, and Cu）particles afforded by rapid and stable oxygen carrier capacity for use in chemical looping combustion of methane [J]. Chemical Engineering Journal, 2017, 309: 617-627.

[158] Zafar Q, Mattisson T, Gevert B. Redox Investigation of Some Oxides of Transition-State Metals Ni, Cu, Fe, and Mn Supported on $SiO_2$ and $MgAl_2O_4$ [J]. Energy & Fuels, 2006, 20: 34-44.

[159] Xu T, Xu F, G G Moyo, et al. Comparative study of $MxOy$ （M=Cu, Fe and Ni）supported on dolomite for syngas production via chemical looping reforming with toluene [J]. Energy Conversion and Management, 2019, 199: 111937.

[160] Alberto, Abad, Francisco, et al. Reduction Kinetics of Cu-, Ni-, and Fe-Based Oxygen Carriers Using Syngas （$CO+H_2$）for Chemical-Looping Combustion [J]. Energy & Fuels, 2007, 21 (4): 1843-1853.

[161] André L Cazetta, Osvaldo Pezoti, Karen C Bedin, et al. Magnetic Activated Carbon Derived from Biomass Waste by Concurrent Synthesis: Effcient Adsorbent for Toxic Dyes [J]. ACS Sustainable Chem, 2016, 4: 1058-1068.

[162] D Mohan, Sarswat A, Singh V K, et al. Development of magnetic activated carbon from almond shells for trinitrophenol removal from water [J]. Chemical Engineering Journal, 2011, 172 (2-3): 1111-1125.

[163] H Y Zhu, Y Q Fu, R Jiang, et al. Adsorption removal of congo red onto magnetic

cellulose/Fe$_3$O$_4$/activated carbon composite: Equilibrium, kinetic and thermodynamic studies [J]. Chemical Engineering Journal, 2011, 173: 494-500.

[164] Cui X, Tian M, Liang K. Efficient and chemoselective hydrogenation of nitroarenes by γ-Fe$_2$O$_3$ modified hollow mesoporous carbon microspheres [J]. Inorganic Chemistry Frontiers, 2016, 3: 1332-1340.

[165] Nethaji S, Sivasamy A, Mandal A B. Preparation and characterization of corn cob activated carbon coated with nano-sized magnetite particles for the removal of Cr（Ⅵ）[J]. Bioresource Technology, 2013, 134: 94-100.

[166] Oliveiraa L C A, Riosa R V R A, José D Fabrisa, et al. Activated carbon/iron oxide magnetic composites for the adsorption of contaminants in water [J]. Carbon, 2002, 40 (12): 2177-2183.

[167] Omar F González Vázquez, Ma del Rosario Moreno Virgen, Virginia Hernández Montoya, et al. Adsorption of Heavy Metals in the Presence of a Magnetic Field on Adsorbents with Different Magnetic Properties [J]. Industrial & Engineering Chemistry Research, 2016, 55: 9323-933.